"风格化"与"新感性"的构筑——马尔库塞美学思想在书籍设计艺术领域影响力研究

张 静 著

九 州 出 版 社
JIUZHOUPRESS

图书在版编目（CIP）数据

"风格化"与"新感性"的构筑：马尔库塞美学思想在书籍设计艺术领域影响力研究 / 张静著 . -- 北京：九州出版社，2019.4

ISBN 978-7-5108-7958-6

Ⅰ . ①风… Ⅱ . ①张… Ⅲ . ①书籍装帧－设计－艺术美学－研究②马尔库塞（Marcuse, Herbert 1898-1979）－美学思想－研究 Ⅳ . ① TS881 ② B712.59 ③ B83-097.12

中国版本图书馆 CIP 数据核字（2019）第 056437 号

"风格化"与"新感性"的构筑：马尔库塞美学思想在书籍设计艺术领域影响力研究

作　　者　张　静　著
出版发行　九州出版社
地　　址　北京市西城区阜外大街甲 35 号（100037）
发行电话　（010）68992190/3/5/6
网　　址　www.jiuzhoupress.com
电子信箱　jiuzhou@jiuzhoupress.com
印　　刷　三河市华晨印务有限公司
开　　本　710 毫米 ×1000 毫米　16 开
印　　张　8.5
字　　数　192 千字
版　　次　2020 年 4 月第 1 版
印　　次　2020 年 4 月第 1 次印刷
书　　号　ISBN 978-7-5108-7958-6
定　　价　39.00 元

★ 版权所有　侵权必究 ★

前　言

现代书籍设计历经一百多年的发展，从"工艺美术"运动推崇的艺术与生活相融合的设计原则，到展现人类情感的德国表现主义书籍设计；从追求精神宣泄的达达书籍设计风格，到具有革新意义并成为现代书籍艺术起点的俄国构成主义运动；从书籍的普遍形式到极限抽象意境的概念书籍的流行，现代书籍设计已不再局限于传达信息，更是一种造型艺术——通过对书籍形式元素的设计成就书籍艺术品位。书籍设计不仅是为了展现内容，还可以作为一件艺术品来欣赏和收藏，是具有独立艺术价值的实体存在，也是最能体现人文精神的艺术形式之一。

随着各种设计理论的蓬勃发展以及图书设计实践的日益丰富，图书设计的内涵不断扩大，内容与形式的完美融合、人性化的设计以及视知觉的立体塑造正在逐渐成为图书设计的新要求，平面二元化的思维模式已经渐渐淡出图书设计的思维领域，越来越多的设计师意识到书籍整体设计的趋向，书籍整体设计的概念正在逐步取代装帧设计而成为图书设计概念的主流。我国书籍产业近年发展迅猛，业内人士也逐渐理解和认可了书籍整体设计的理念，但由于我国对书籍整体设计的专业性理论研究相对缺乏，而且起步较晚，因此书籍整体设计观念仍然有待进一步的理论拓宽以及寻求其他理论的支持。

赫伯特·马尔库塞是20世纪西方著名的政治理论家、哲学家和美学家，是法兰克福学派乃至"西方马克思主义"潮流中最负盛名的代表人物之一。他把哲学、艺术、社会现实以及审美等置于一个综合的本体层面，试图构建一个多维度的、旨在实现人的感性解放的美学体系。在其结构博杂的理论体系中，"审美形式"这一概念始终占据着本体论的地位。马尔库塞美学理论体系在西方现代美学史上有着重要的地位，其关于艺术的审美形式论、艺术新感性以及艺术自律等观点拓展了现代美学的思维空间，对现代美学思潮的多元走向起到了一定的引导作用。著者认为马尔库塞美学所倡导的审美形式与作品内容的辩证关系以及艺术凭借审美形式区别于既存现实，进而实现社会变革的理论适用于书籍设计领域，对于构筑书籍艺术形式与文化内涵和谐统一的整体美具有现实的指导意义，同时是对书籍整体设计观念的有力理论支持。

本书紧扣书籍的文化属性，从书籍艺术在历史进程中的文化现象、书籍艺术形式的审美特征以及审美心理等层面对现代书籍整体设计做了全面的研析，寻找马尔库塞哲学理论与书籍艺术的逻辑关联，以及探讨马尔库塞美学理论在书籍设计领域的渗透，尝试扩展书籍设计理论空间，寻求书籍艺术新的设计观念。

目 录

第一章　马尔库塞的美学思想概述

赫伯特·马尔库塞（1898—1979）是 20 世纪西方著名的政治理论家、哲学家和美学家，是法兰克福学派乃至"西方马克思主义"潮流中最负盛名的代表人物之一。他继承了西方批判的、浪漫的传统，借弗洛伊德的精神分析学说用以充实马克思主义关于人的解放思想，同时糅合康德及席勒的美学，把哲学、艺术、社会现实以及审美等置于一个综合的本体层面，试图构建一个多维度的、旨在实现人的感性解放的美学体系。从其结构博杂的理论体系中可以看出，马尔库塞的美学理论受德国浪漫主义哲学的影响颇深：以马克思的早期思想作为出发点，经历海德格尔的现象存在主义以及弗洛伊德的精神分析学说之后，最终定格在德国浪漫主义哲学的"审美"概念上，至此"审美"成了人的感性解放的救赎之路。因此，在其众多著述中，"审美形式"这一概念始终占据着本体论的地位。马尔库塞美学理论体系在西方现代美学史上有着重要的地位，其关于艺术的异在性、审美形式论、艺术风格化与新感性以及艺术自律等观点拓展了现代美学的思维空间，对现代美学思潮的多元走向起到了一定的引导作用。

第一节　马尔库塞美学思想的内容简述

马尔库塞认为艺术最基本的维度是异在性。此外，他还赋予艺术"自律"的品格，这样就在本体论上确立了艺术的主体性，这是艺术能够超越现实的关键因素。"自律"指的是艺术拥有支持自身存在的内在规律。自律本来是康德伦理学的重要概念，它表示的含义是人的道德精神通过主体意志为自己立法，而不屈从于外部权威设立的规范。与自律相对，服从于外在于主体意志本身的力量就是他律。康德在《判断力批判》中也以自律来确立审美的特殊性，他的审美"无目的的合目的性"就是强调审美外在于实用性和功利性目的的自律。

马尔库塞在《审美之维》里对这种传统马克思主义文艺思想进行了批判，实际上他批判的主要是苏联及东欧流行的马克思主义理论，并把这种理论称为正统的马克思主义美学观念。他认为这种观念是对真正马克思主义的歪曲，马克思和恩格斯秉承的是黑格尔的辩证思想，而这种观念却过分强调物质的作用，弱化非物质的力量——意识，使之从属于物质，这样就摒弃了辩证精神——抹煞物质与意识之间的辩证关系，沦入了庸俗唯物论。正是在此基础上，他强化作为意识的艺术的主体地位，把它看作是一个与现实对抗着的自律的主体。他的这种观点与西方马克思主义美学的大方向是一致的。西方马克思主义美学对正统马克思主义的反叛就表现在否定和消解社会存在对意识、艺术和审美活动的决定作用上。和马尔库塞一样，西方马克思主义学者普遍受康德审美无功利论的影响，总是以主体、意识作为根本出发点来解释艺术和审美。

一、审美之维的异在性和自律

异在性和自律使艺术独立于现实世界之外，作为与现实相抗衡的主体，艺术否定、批判现实，最后倾覆并超越现实。异在、自律、否定和超越象征着艺术是对抗现实的另一维度，在这一维度里面，异在性和自律是艺术的本质，否定、批判和超越是艺术对现实的功用，是艺术与现实的关系。但是，在论证艺术与现实的关系时，马尔库塞仍然坚持辩证的态度。这就是以体现在艺术作品中的新意识为基础的渴求。这里先解释一下"所谓'审美形式'是指把一种给定的内容（即现实的或历史的、个体的或社会的事实）变形为一个自足的整体（如诗歌、戏剧、小说等）所得到的结果"。马尔库塞所说的"审美形式"就是我们通常说的艺术形式，它是审美升华后形成的某种艺术体裁和风格。而审美升华必须在审美形式的法则下进行，两者相辅相成。审美形式本身就是现实基础上的升华，既然以现实为基础，审美升华就构成了艺术中对现实的肯定和妥协的部分。但是，升华以审美形式为原则，也就是说艺术对现实素材的重组是在自我法则下进行的，是一种自律的重组，因此重组后在其知觉、情感、判断思维中产生了一种瓦解占统治地位的规范、需求和价值的力量。由此可见，艺术的审美升华虽然有肯定的意识形态的特征，但它仍旧是一股异端的力量，仍然是通向艺术的批判、否定功能的桥梁。

虽然如此，马尔库塞对艺术在现实中的定位还是颇有见地的，他把艺术作为反抗现实存在物的现实存在物，这是用矛盾和辩证的观点来看待艺术。尽管艺术是这样一个矛盾的统一体，但是马尔库塞的倾向十分明显，他试图让这个矛盾消融在艺术的审美形式里，认为审美形式可以赋予日常生活中司空见惯的内容以一种异在的力量，由此创造出一个新的世界。这个新世界尽管是虚构的，却是一个比现实世界更真实的世界。艺术世界之所以更真实，是因为真理站在艺术这边，而不站在现实那里。"艺术的真理，就在于它能打破现存现实（或那些造成这种现实的东西）的垄断性，就在于它能由此确定什么东西是实在的。艺术在这种决裂中，即在它的审美形式获得的这个成果中，艺术虚构的世界表现为真实的现实。""艺术是虚构的，然而作为虚构的世界，它包含着比日常现实更多的真实。"我们经验的现实世界，并不是世界真正该有的状态，每个历史阶段的社会都是对实存的某种歪曲。而艺术能够借助审美形式，将歪曲的世界还原到它的本真状态，因此艺术世界比现实世界更真实。虽然这些论断在《审美之维》里面才被明确地表述出来，但是其实马尔库塞的前期思想也一直在为此做铺垫。所以，在物质与审美分裂之后，真、善、美这些真理和生活不变的实质就从现实世界里分离出来，寄存在虚幻的审美世界里。因此，审美世界比物质世界更接近生活的真理和实质，更真实。

二、审美之维的"感性"

马尔库塞认为审美的原初意义就包含了感性和理性，但在现存世界里，审美被施予"文化压抑"，即被排斥在理论理性和实践理性之外，在根本上成为非现实的东西："它始终保持着避开现实原则的自由，而这是以它在现实中毫无成效为代价的。"同肯定的文化一样，审美的存在是以脱离现实，不能作用于现实为代价的。为了恢复"审美"的原初意义和功能。马尔库塞援引了康德和席勒的理论，康德在《判断力批判》中，把审美知觉看作第三种基本能力，把它定位为感性和知性（理性）的连接桥梁，认为审美的法则是"无目的的合目的性"。马尔库塞从康德的美学思想出发，得出这样的结论：审美的沟通中介作用之所以重要，是因为文明社会的发展是以牺牲感性为基础的。文明的历史实际上就是感性与理性的斗争史，为了满足越来越高的物质需求，感性被置于理性的统治之下，处于被压抑的地位。而审美在感性和理性之间进行调和的目的就是为了缝补被现实原则撕裂的人类实存的这两个领域。所以，"审美的调和，意味着加强感性以反对理性的专制，而且在根本上说，甚至是呼唤把感性从理性的压抑统治中解放出来"为了使审美的中介功用得以发挥，马尔库塞引入了席勒的"游戏冲动"这一概念。马尔库塞之所以在康德之后还要引入席勒的思想，是为了寻求一种能将审美功用实现的途径，即让审美打破想象的领域，在现实世界中运用起来。相对于康德的审美调和作用，席勒的游戏冲动能够通过个体达到外部的现实世界。

马尔库塞在阐释审美和感性这一问题时，并没有停留在康德和席勒的观点上，正如上文提到的对科技理性的批判一样，他通过结合弗洛伊德的理论，将自己的论述推进到心理分析学的深度。马尔库塞后期思想的心理学转向是他相对其他西方马克思主义理论家的特殊之处，也是他被推为弗洛伊德马克思主义主要代表人物的原因。《爱欲与文明》这部书的副标题就是"对弗洛伊德的哲学探究"，在关于美学的第九章"审美层面"里，马尔库塞主要沿用弗洛伊德的两个重要概念阐释文明（理性）与感性的关系。

在寻求感性解放的过程中，马尔库塞修正弗洛伊德的看法，他发明了"过度压抑"（surplus repression）这个概念，并以外延更大的"爱欲"（eros）取代弗洛伊德的性本能。他赞同弗洛伊德的文明发展必须有压抑的观点，但是他将压抑分为两个部分，即"基本压抑"和"过度压抑"。他认为前者是必要的，因为社会发展必须有物质基础，为了维持这个物质基础进行的必要劳动虽然也牺牲了某些感性快乐，但是它是必要的，构成了"基本压抑"。基本压抑之外，为了维持特定社会形态的生产关系和经济关系所采取的压抑超出了维持文明的必要限度，成了"多余"的过度压抑。而随着技术和物质的进步，必要劳动越来越少，多余的压抑就越来越多，到了资本主义发达的工业社会，"过度压抑"已经到了不堪忍受的程度。人们必须打破压抑寻求解放，而审美就是解放的工具，感性是被解放的对象，感性通过自身的解放，又可以带动社会的解放。

分析到这里，著者想给马尔库塞的审美之维下个具体的定义。作为马尔库塞的中心美学概念，"审美之维"多次出现在他的美学论述中，如"审美之维在感性和道德性——即人类两极之间，占据着中心地位"；"借助这些性质，审美之维可作为一种对自由社会的量度"；等等。而他最后的也是最成熟的美学论文，则干脆以"审美之维"为题目。国内外许多研究者对马尔库塞的审美之维各有不同的理解，部分人将它简化为审美的异在性，即上文论述的艺术相对现实的异在性。另一些人则由异在性延伸，加入了批评性和否定性。在这些研究者中，冯宪光先生下的定义相对中肯，他认为："艺术自律、审美形式、超越现实，这三者的贯通一致的联系，就是马尔库塞的'审美之维'。"但是，冯先生没有说清楚自律、形式和超越三者如何贯通一致，而且这三者仍然不是审美之维的完整内容。在我看来，审美之维包含着更为复杂的内容，概括起来有三个方面：异在性、自律和感性。

异在性是审美的本质，它代表着辩证和批判精神，通过与现实保持距离，清醒地批判它、否定它。在异在性基础上产生的代表着审美的独立品格，它通过审美形式从现实中升华出来，创造出一个高于现实、超越现实的世界。它是艺术异在性和自律对现实的否定与超越得以实现的桥梁。审美通过释放个体被压抑的感性，借助个体推翻理性专制的压抑性的社会，达到社会变革的目的。异在性、自律和感性三者相辅相成，构成了马尔库塞的"审美之维"。在马尔库塞那里，审美之维就是艺术之维，因为艺术是美学思想的主要载体，它包含了美的所有特质。

第二节　马尔库塞美学思想的历史地位

一、马尔库塞美学理论在中国的传播及艺术形式论的影响

马尔库塞的艺术形式论随着西方马克思主义一同进入中国，起初学者们或以新奇的目光，或以疑虑的目光对待西方马克思主义一些学者将西方马克思主义作为自己的研究对象时，偏重他们的社会和文化批判立场。随着研究的深入，马尔库塞的文艺美学思想引起了理论家和批评家的格外关注，出现了一批以赵宪章为代表的专门研究马尔库塞及其艺术形式论的学者。马尔库塞的艺术形式论也逐渐成为一个重要的关注点，对中国新时期的理论批评产生了重要影响。马尔库塞艺术形式论在中国的传播大致可以分为三个阶段。

（一）借鉴与运用

随着马尔库塞哲学译著的相继出版，他的文学、美学著述也逐渐被翻译过来，如《文化的肯定性质》《作为现实形式的艺术》《审美之维》，尤其是《审美之维》，是马尔库塞一生文艺学、美学思想的总结。1988 年四川大学出版了冯宪光主编的《西方马克思主义与文艺美学思想》，在介绍西方马克思主义的同时，对各个流派代表人物的美学观点进行了梳理和评价，是继徐崇温之后对西方马克思主义进行系统研究的另一位学者，其中也对马尔库塞的《审美之维》做了介绍。归纳起来集中反映了这样一个观点：马尔库塞艺术形式论提出了主体的心理结构和审美改造问题，是过去的马克思主义文艺学、美学研究得不充分的问题。但是，我们在加强这方面研究的同时，不能片面夸大主体的作用，忽视社会经济基础，走向历史唯心主义。冯宪光对马尔库塞艺术形式论的评价较为客观，形式问题成为一个独立的审美范畴，很多学者将它运用在自己的理论和实践中。

（二）理论的探索

艺术创作的不断发展，尤其是小说在结构形式方面做出的有益尝试，使理论也逐渐趋于成熟。19 世纪 90 年代以后，对形式主义进行阐述和发挥的是赵宪章、姚文放、汪正龙等人。

以赵宪章为代表的南京大学的学者是研究形式主义的中坚力量，他们对形式主义的认识源于我国传统文艺理论对内容与形式关系的思考。作为对立统一的范畴，内容与形式既不能割裂也不能等同，而是有机地统一在文学作品中。但是在具体的文学批评中往往将二者割裂开来，孤立地分析。没有一种系统的、有机统一的观点去看待内容与形式的问题，强调内容决定形式，内容先于形式。赵宪章在《西方形式美学：关于形式的美学研究》及《形式概念的滥觞与本义》中系统梳理了西方形式美学产生、发展、演变、深化的行进历程，也看到了形式美学对文学研究的巨大潜能。也就是说，"形式美学"是从文本的形式（如语言、结构）入手，对其进行技术性的分析，再从哲学美学的高度审视这些形式中所蕴藏的精神能量和美学韵味。这就将文本形式分析与审美分析融会在一起，这既是对纯形式分析的超越，也是对脱离文本而空谈理论的超越。

汪正龙不但考察了西方马克思主义关于形式的理论观点，而且把它与其他的形式主义流派加以比较。由《马克思主义与形式主义对话的可能性》一文我们可以总结出，马尔库塞进一步改造了黑格尔的形式观念，使形式摆脱了对内容的依附，被赋予了重要作用。汪正龙指出，马尔库塞将形式主义"赋予全新的社会意义"。这些理论家经过多年的努力，在形式这块沃土上辛勤耕耘，终于有了可喜的收获，并且有了各自研究的侧重点。汪正龙对西方20世纪马克思主义文论与形式主义文论的演变历程做了初步的探讨，剖析其中的利弊得失。在当下的中国，马克思主义文论正迫切需要与时俱进，开拓新的研究视野。这些都为我国马克思主义文论建设提供了有益的借鉴。

不可否认，无论是在艺术创作方面，还是在理论批评方面，我们还显得不够成熟，但马尔库塞的艺术形式论对以真实性、典型性为主的批评方法始终占据主流的文学批评观念产生了很大的冲击。研究艺术形式的根本目的是弥补社会历史理论批评范式忽视形式的缺陷，使文学批评美学观念更加丰富、完善。随着马尔库塞艺术形式论的深入传播和影响，再加上中国创作实践和批评不断创新的呼求，中国文学批评美学观念发生了潜移默化的变化。

二、马尔库塞艺术形式论影响下的中国文学批评美学取向

马尔库塞的艺术形式论比起其他西方马克思主义的文论，在不失哲学的深刻意义的同时，可以有效地面对活跃的文学艺术现象并给予评品，使文艺批评体现出艺术殿堂中"第九个缪斯"的风采和作用。但是，马尔库塞的理论毕竟是西方文化语境的产物，他的理论与中国纷繁复杂的文学艺术现实发生联系的过程，一方面提供了可以借鉴运用的理论和方法，另一方面向我们提出了如何建立中国自身既合规律又合现实的文艺批评美学标准的问题。

（一）从侧重社会历史判断到侧重审美形式判断

社会历史批评方法在一般意义上是一种按照社会、文化、历史背景去解释文学活动的文学研究方法，在具体的批评中把作品放在特定的社会历史背景中来分析，分析作品对现实的反映真实性程度，"真实"和"典型"作为基本的美学标准，要求文艺作品在特殊性中见普遍性，从而反映现实生活的真实。

在社会批评理论批判范式的制约下，对于文艺作品内容形式的关系问题，强调两者的对立统一性，强调内容的主导地位：内容决定形式，内容先于形式。这种观点大量地出现在文学理论教科书中。实质上，这种内容形式二分法的理论批评范式致使在具体的批评实践中，把形式和内容看作可以分离的两个要素，对文艺作品的认知简单地确立为"写什么"和"怎么写"的存在，片面强调作品内容的决定意义和优先地位，形成了先内容后形式、重内容轻形式的批评模式。尤其是在"意识形态"论、"政治决定论"的社会语境中，致使文艺理论批评只注重文艺政治内容，并且将审美的原则等同为历史的原则。

马尔库塞艺术形式论强调作品为一个独立的自足体，克服了社会历史批评取代美学批评的缺点，对中国文艺批评范式的转换是一个重要的启示。越来越多的文艺批评理论著述将马尔库塞的艺术形式论所引发的审美形式判断作为一个很重要的审美取向来确认。

当然，马尔库塞的形式批评在传统的社会历史批评面前，还显得比较幼稚。很多研究者也是匆匆的过客，长期留守的为数不多，能够有所建树的人更是寥寥无几。所以，审美形式及其相关的形式问题在中国的研究显得不够深入。所以，马尔库塞的形式批评在带给我们许多启示的同时，并没有在中国大地上占据主导性的思想地位，这与其他西方马克思主义理论在中国的命运几乎是一样的。

（二）文学批评美学标准的重新审视

马尔库塞艺术形式论传入中国，对于那些不满于长期忽视形式研究而又急于寻找中国文学批评出路的批评家来说，无疑是久旱逢甘霖。马尔库塞的理论之所以能够在中国占有一席之地，是因为我国古代传统的文学理论中不乏与马尔库塞类似的观点，只是后来由于种种原因，形式问题逐渐退出我们的视野，甚至一度消失过。从 19 世纪 30 年代起，中国的文学批评就有将社会历史批评庸俗化，创作从概念出发的倾向，于是产生了许多漠视艺术形式、图解概念的公式化作品（部分作家，如鲁迅等，仍然坚持社会批判的立场）。马尔库塞艺术形式论唤醒了我们沉睡已久的文艺美学思想，重新审视了文学的审美标准。

马尔库塞艺术形式论中的"形式"包含了内形式与外形式两类。作家和艺术家在创作过程中引发的对生活的认识和判断以及体现出的情感态度通过一定的负载物表现出来，这种负载物就是文艺的内形式，包括主题、结构、场面、冲突、人物的喜怒哀乐。外形式是内形式呈现出来的外部特征和实现这些特征的艺术手段，包括语言、文字、节奏、停顿、旋律、电影、电视、舞蹈、戏剧等。外形式与内形式的区别在于，外形式具有形象可感的物质特征，它与内形式相互作用，构成完整的艺术形式。

马尔库塞的艺术形式论将我们从前忽略的"外在"的东西由幕后拿到了台前，正好弥补了我们的不足，使我们的批评标准由单一的社会历史批评逐渐走向多元。需要我们进一步探索的是，如何在多元的批评范式中确立具有核心价值的美学标准，如何将西方具有借鉴意义的理论批评化合为中国的具有现代意义的、具有有效阐释力和审美判断力的理论批评。

马尔库塞艺术形式论对中国新时期文艺批评视角的转换、文艺批评范式的变革产生了重要影响。它同其他西方马克思主义理论以及其他西方现代主义文艺理论一样，具有借鉴运用的价值，但不是唯一有效的理论。中国文艺理论批评曾经走过唯社会历史批评为尊的弯路，新时期以来，在西方理论的引导下，中国的理论批评实现了现代转型，最初为各种理论方法的合理性展开过争鸣，冷静之后，呈现了多元并进的学术局面，可谓"众语喧哗"。现在的问题是，如何避免各家的理论不以相互对立、相互排斥的方式共存，一些学者在论说一种理论的合理性时设法指摘另一种理论的缺陷。其实，各种理论都是特定历史语境的产物，都存在"所指"与"能指"之间复杂的关系，因此应以宽容的学术胸怀和科学的学术态度兼收并蓄，在我们自己的文学艺术实践中认知各种西方理论的合理性与有效性。此外，西方马克思主义理论资源还没有同中国传统的文艺美学思想融合在一起。我们在马尔库塞艺术形式论中反观到中国古代文论中丰富的形式美学观，足以说明中西文论并不是不可逾越的理论体系，两者之间也可以建立对话关系，共同建构中国现代理论批评，开阔美学的视野，建立美学批评丰富多彩的批评话语和审美尺度。

（三）防止美学批评纯形式化的危险

当今大众媒体的兴起、科技的进步和发展为各种文学艺术形式带来了前所未有的变革，使电视、电影、音乐、舞蹈、网络文学等领域打上了高科技的烙印，的确能产生奇妙的感官效果。比如，电影大片《十面埋伏》《夜宴》《满城尽带黄金甲》中大腕云集，并配以经电脑特技处理的武打场面、耗资巨大的华丽服饰，著名音乐人制作的背景音乐，带给了观众强烈的视觉和听觉冲击。又如，《枭雄》通过科技手段对色彩的处理达到了极致，观众受到了强烈的视觉冲击。再如，《三国演义》《水浒传》《红楼梦》《西游记》等文学名著陆续搬上荧屏，重拍之风愈演愈烈，经典名著以新的形式出现在观众面前，其技术手段愈加先进，电子技术造成的声、光、色的刺激让人眼花缭乱，但其大量的镜头画面与其叙事并没有关系。形式化追求成为大众文化艺术的潮流，满足着人们世俗化的渴求。

马尔库塞的艺术形式论的理论价值就是其内容与形式融合的美学取向。马尔库塞说："所谓'审美形式'，是指把一种给定的内容（现实的或历史的、个体的或社会的事实）变形为一个自足整体（如诗歌、戏剧、小说等）所得到的结果。"❶马尔库塞对西方发达工业社会中艺术的堕落所发出的警告对我们也不无借鉴意义，他写道："艺术中反艺术的爆发，就以许多人们熟悉的形式表现自己，如句法的破坏、语词和句子的分割、日常语言的爆炸性运用、没有乐谱的曲调、随意写成的奏鸣曲。然而，这些完全反形式的东西仍然是形式，也就是说，反艺术仍然是艺术，它作为艺术被提供、被出卖、被冥想。艺术的野性反抗总是一种短命的冲击，它很快就被收藏在画廊的四壁中，或通过市场被卖进音乐厅，或装饰着繁华商业设施的大厅和门廊。艺术意图的不断变形是一种自弃，这是一种产生于艺术结构本身的自弃。"马尔库塞忧虑的是文学艺术审美品质的失落。文艺批评应适应文艺现实变革的需求，同时守望艺术的审美品格，在强调文学艺术形式美的意义时防止走向纯形式化的歧路。马尔库塞的警示十分切合中国文艺现状，对我们的文艺批评来说也是一个警示。媒体批评以及所有的文艺批评面对当下文学艺术花样不断创新的现实，既不能走过去倚重内容而忽视形式的老路，也不能走向单纯强调形式而无视内容的极端。

❶ 高鸿萍.马尔库塞的美学思想管窥[J].中国科技信息，2005（21）：143.

第二章 马尔库塞"风格化"与"新感性"思想对设计艺术学的当代意义

第一节 马尔库塞美学思想对正统美学的哲学批判

一、马尔库塞美学思想的理论继承与批判

马尔库塞认为,艺术审美能够造就人的"新感性",但正统的马克思主义美学理论(主要是苏联模式的马克思主义的美学理论)根本就不重视人的作用,也不重视艺术审美的批判和否定作用。在马尔库塞看来,不解放属于人的自然,即不解放人的本能冲动和感觉,就难以解放外部的自然界;即难以解放人的生存环境,也就难以实现社会的变革。传统的马克思主义美学理论尤其是苏联模式的马克思主义的美学理论因为只注重人的社会性和阶级性,只注重艺术对现实的肯定作用,所以只能得出阶级属性决定艺术内容,经济基础决定艺术的美学结论。马尔库塞反对把艺术作品看作表现特定社会阶级利益和世界观的看法,他认为艺术真正要揭示的是一种具体的普遍性,艺术真正要展现的是人性,这种具体的普遍性或人性是任何特定阶级都不能单独构成的,包括无产阶级和资产阶级在内,艺术不是阶级斗争,从本质上说,艺术是政治实践。

在马尔库塞看来,正统的马克思主义美学理论实际上是根据传统的"经济基础—上层建筑"的关系理论推演出来的,它忽视了人的主体性,低估了精神力量的政治功能,它"不但低估了作为认识的自我的理性主体,而且低估了内在性、情感以及想象,个体本身的意识和下意识愈发被消解在阶级意识中",这就弱化了个体本身的主体性,弱化了产生革命变革的需求,进而削弱了革命的主要前提条件。马尔库塞据此提出了一种不同于马克思的新的解放的辩证法:"如果没有个人本身的新的合理性和感性的发展,那么也就不可能有社会的质的变化,不可能

有社会主义。没有一种激进的社会变化是没有激进的个人的变化的，个人是社会变化的承受者。"也就是说，只有通过艺术审美"重建人的'新感性'，形成个人的自主意识"，只有先实现"个人的解放"，把个人从发达工业社会的过分压抑和控制中真正解放出来，才能最终实现社会的普遍解放。正统的马克思主义的美学理论正是由于忽视了人的自然本性、艺术审美的批判否定作用才陷入了机械的物质决定论的错误之中。

（一）对德国古典美学思想的继承

马尔库塞的"新感性"理论与德国古典美学有着思想上的渊源关系。这些可以直接从他的著作所索引的书目看出。他在谈艺术、审美与"新感性"时，大量地引用德国古典哲学家的美学著作。他的"新感性"美学思想就是对德国古典美学的继承与发挥。

马尔库塞的"新感性"是在德国古典美学思想的影响下提出的。他主要围绕"人性完整"这一中心议题进行理论探索，从感性与理性的分裂、美的本质以及人性的解放几个方面分析人的爱欲本能的压抑与现代文明，寻求以审美、艺术唤醒内在的"新感性"并使它来完成恢复"人性完整"的崇高使命。这具体表现在《爱欲与文明》《论解放》等著作中，他用大量的篇幅谈及艺术的情感性、开放性、独创性、超越性和想象、幻想在艺术中的地位以及它们在使人的感性方面实现非压抑性升华所起的作用。因此，他的"新感性"理论带有浓厚的浪漫主义色彩与德国古典美学的痕迹。但是，他的"感性"理论并没有停留在德国古典美学的最初意义上，而是融入了弗洛伊德的心理学因素，并把它与马克思的异化理论和人的解放学说相结合。

（二）对弗洛伊德"人的本能"结构理论的批判与吸收

马尔库塞在论述自然与革命的关系时说："在看待'人类本性'（属人的自然）时，马克思主义同样表现了低估自然基础在社会变革中的作用的倾向——这种倾向同马克思的早期思想判断有别……马克思着重强调政治意识的发展，极少表现出对个体中的解放根基的关注，也就是说，它不从个人最直接和最彻底地体验着他们的世界和他们本身的地方，即从他们的感性和他们的本能需求中，去寻找社会关系的基础。"对这一问题的看法成为马尔库塞用弗洛伊德精神分析学"弥补"马克思主义的主导原因，其目的是为社会主义革命寻找"生物学基础"。他在具体分析了弗洛伊德关于人的本能结构学说与文明压抑理论的基础上，提出建立一种非压抑性文明的理论构想。马尔库塞认为，人的爱欲本能从根本上并不与文明矛盾，资本主义社会个体的异化是资本主义社会现存秩序的操作原则强加给人的超额压抑。

马尔库塞指出："从审美方面是不能证实某个现实原则的。与基本的心理机能想象一样，美学领域本质上是'非现实的'……在这个词（审美）于此所指的领域中，保存了感觉的真理，并在自由的现实中调和了人的'高级'机能与'低级'机能、感性与智性、快乐与理性。"为此，马尔库塞上溯到18世纪后半叶的西方美学理论，从这些美学思想中探讨"美学"的意义。因为"美学"一词的哲学史反映了对感性（因而是肉体的）认识过程的压抑性看法。马尔库塞指出，审美活动中蕴含了非压抑性文化的诸多要素，它与人的感性方面有着密切的联系。解放人的爱欲本能并"按照美的规律生产"，工作将转变为消遣，压抑性升华将转变为非压抑性升华，人类将由必然的王国进入自由的王国。所以，作为感性学的美学是实现人的本能结构中被压抑的爱欲本能自由释放的必然途径。在这里，马尔库塞通过把弗洛伊德的本能结构理论进行新的阐发，使它与马克思的异化理论和德国古典美学思想结合起来，共同完成"新感性"美学思想与革命理论。

二、批判是艺术理论的第一生命

（一）对西方理论的批判

马尔库塞在其后期著作《单向度的人》中认为，发达工业社会的一体化趋势使一切意识形态的东西都变成了压抑性的工具，成了单向度的。他通过对英美流行的语言分析哲学的分析，分别论述了在逻辑、科学技术和语言学中的整合、同一及单面性现象。他认为"辩证逻辑已经失效，科学先在地是技术的，科学自身的发展也揭示了科学的技术先天性，科学与科学应用不可分离，语言日益失去其批判和超越功能而成为操作工具。"马尔库塞认为，这种哲学思潮是顺从的、接受现状的而非批判性的，这种情况下的现代哲学不可能使人们对现存社会做出合理的批判。

（二）艺术创作的本质是对现实世界的主动干预而非直观反映

异在性实际上是构建一个独立的主观世界，艺术创作的异在性构建是对现实世界的主动干预。

艺术作为具备独立价值的存在挣脱历史本体的涵盖走向自身的本体世界，这一世界否定既成的历史现实和主体的被压抑心态，以与现实针锋相对的批判姿态呈现于既成的现实面前，批判理论的否定辩证法在艺术世界构成艺术自主的辩证法含义，就像马尔库塞一再强调的艺术自主性所包含的绝对律令：万物必变。历史的本体在失去内在否定的效应后，艺术即代替否定者的方面。艺术的解放目标牵引着历史的发展力量，艺术的本体的自守以变革现实为否定的最终目的，"变"是艺术自主性的历史动力。艺术自主性一方面是在现实的批判基础上将艺术世界有意疏远现实的结果，马尔库塞和法兰克福学派其他理论家致力于艺术维持自身独立性的诱导和所谓"绝对律令"的限定；另一方面，在具体的创造活动中艺术家作为政治实践的旁观者有意构造艺术的审美世界，形成艺术品超现实的特性，这是艺术自主性得以形成的内在原因。艺术家作为追求自由理想的代言者体认异化社会人性压抑的现状，力图以解放的想象力代替主体意识的压抑，艺术疏远现实正是由艺术家疏远、超脱现实来完成的，否定辩证法在艺术世界的应用权由艺术家所掌握。

事实上，马尔库塞在自己的艺术论断中并未给予艺术家的自主权问题以更多地发挥和阐释，而是将艺术的创造过程隐藏到艺术品整体世界的背后，通过艺术品中新的现实原则发现其暗含着的艺术家的独特观念和疏远现实的创作特征，艺术品就是艺术家全部理想与追求的凝聚。艺术只有具备自主性才能释放其改造现实的政治潜能，才能真正成为批判现实的有利因素，这是否定的辩证法在艺术世界的必然结论。

第二节　马尔库塞新感性论蕴含的辨识与审美效用

鉴于马尔库塞并没有给他的"新感性"思想下过任何明确的逻辑定义，著者在总结其"新感性"思想提出的理论渊源的基础上，在归纳前人对其"新感性"思想特征的论述的过程中，阐释对其"新感性"思想的理解。

"新感性"思想是马尔库塞在吸收和借鉴弗洛伊德的精神分析学说和马克思《1844 年经济学哲学手稿》相关思想的基础上形成的。

一、"新感性"思想的主要特征

中国社会科学院文学研究所的丁国旗在《徐州师范大学学报》哲学社会科学版发表的文章《人的"新感性"与"新感性"的人》中从三个方面对"新感性"的特征进行了说明：①"感受力"是"新感性"最基本的特征；②"反省能力"是"新感性"的又一个重要特征；③"审美能力"是"新感性"的第三个重要特征。

二、培育人的"新感性"与艺术审美的效用

(一)马尔库塞艺术审美中的"新感性"思想

在马尔库塞看来，艺术审美的实质应该是"革命"与"造反"，但艺术审美不能直接导向革命与造反功能，它需要通过塑造审美主体，即人的心灵，需要通过改造人的心理，需要通过改造人的本能，需要通过消除异化，需要通过变革人的意识和冲动，尤其是需要通过造就人的"新感性"，来导向革命与造反，从而实现人的解放。可见，马尔库塞的"新感性"思想是从艺术和社会与人的解放这两个层面进行阐述的，这种"新感性"是私人的、个体的感性，这种"新感性"是在艺术和审美中造就的一种对生命的需求，这种"新感性"感受的是自然中的感性的美的质，是"自由的新的质"。因此，可以说马尔库塞的美学思想融合了他对资本主义及当代发达工业社会的批判理论。

马尔库塞在《单向度的人：发达工业社会意识形态研究》中点明了艺术在西方发达资本主义社会科学技术理性的规范和操作下日趋商业化的倾向，指出这种倾向使艺术变成了维护统治阶级利益的工具，尤其是变成了压抑人的工具，从而导致了单向度的人和文化的出现。他在《爱欲与文明》中强调，艺术的想象力与幻想力确保了人的感性生命对自由和解放的向往以及对现实的反抗。从上文对"新感性"特征的论述可以看出，这种能够对抗现实原则支配的艺术的想象力和幻想力造就了人的"反省"能力，确保了"新感性"的形成。他在《反革命和造反》中指出，艺术审美既是一种美学形式，又是一种历史结构，它促成了美的世界与现实世界的统一。从上文有关"新感性"内容的论述可知，先验的感性直觉（孕育着"新感性"的感性知觉）为审美活动、生活世界的客观秩序提供了普遍有效和适用的两大原则——"无目的的合目的性"和"无规律的合规律性"，它们既界定了美的结构，又界定了自由的结构，使自然与自由、快感与道德相互沟通和结合在一起，实现了感性和理性的新的和谐关系。也就是说，艺术审美正是通过人的这一先验的感性直觉培育出了人的具有理性的"新感性"并实现了艺术本身的显著特质，即感性与理性的和谐统一。他在最后一部作品《审美之维》中进一步论证了艺术对抗现存社会关系、倾覆主流意识和实现完整人生的能力。简言之，在西方发达工业社会，人们要想成为具有"新感性"的人，要想改变旧式的感受世界的方式，要想实现社会的真正变革，必须借助艺术审美形式。

（二）培育人的"新感性"与艺术审美的效用

马尔库塞眼中的"新感性"实际上就是人的"自主意识"，由于这种"自主意识"内在地包含着"对自由和解放的追求"，因此这种"新感性"必然具有变革和颠覆（压抑人感性的）发达资本主义社会的政治功能，也就是说，要想实现人的真正自由和解放，"必须把作为具有颠覆和反抗力量的人的感性从发达资本主义社会的总体控制下解放出来"。这是培育人的"新感性"的效用，而要真正形成这种"新感性"需要艺术审美。因为艺术审美"以其创造性的形式，表现出新鲜的、充满活力的生机，给人的需求——感官结构造就新的可能性，给人性的解放开启了新的光亮……于是，社会变革的基本公式就是劳动＝游戏＝想象＝幻象＝艺术形式＝表现＝爱欲无须升华的直接表达＝生命本能的要求的自由表现。从这个连续的等式中可以看出，艺术—审美的形式正是沟通这一切的中介、桥梁"。马尔库塞把人的本能欲望和人类的解放问题关联在一起，这是他思想中的一大创举。

在培育人的"新感性"和恢复人的"爱欲"的过程中，马尔库塞突出强调了艺术审美不可替代的重要作用，这出自他对两个方面的考虑：一方面，就西方发达工业社会本身而言，在马尔库塞看来，这个社会是一个遭受总体控制和遭受总体异化的社会，在这样一个社会里，无论它的政治体制、管理体制还是它的技术和文化都必然遭受异化而成为维护统治阶级利益的工具，成为用来统治人的工具。因此，马尔库塞认为为了避免这种遭受总体异化的局面的出现，人尤其是具有"新感性"的人必须对现存的发达工业社会的一切采取"大拒绝"的革命方略。另一方面，就"艺术本身所具有的特殊性"而言，在马尔库塞看来，由于艺术作品完全可以通过"超然于社会现实之外"来肯定现实或反映现实，因此艺术可以免受西方发达工业社会的控制和异化，它可以"通过艺术理想与社会现实的对照"来实现对西方发达工业社会的批判与否定。从积极的方面来说，艺术具有拒绝、抗议、破坏和重建现实社会的作用。这就是说艺术具有两重性，它既可以肯定和反映现实，又可以否定和超越现实。正因为如此，艺术审美才在改造世界和实现人性解放的活动中起到了难以替代的作用。艺术能够用新的美学形式来表现人性，艺术能够恢复人的"爱欲"追求，艺术能够促进人的"新感性"的形成，艺术能够创造出一个解放的世界。这就是培育艺术审美的效用。

第三节　审美形式"风格化"要义

从审美形式的定义出发，马尔库塞建立了包括文学艺术的本质、特征、功能、生产、批判在内的多层次理论体系。马尔库塞对美学形式的定义如下："……把'美学形式'解作一个既定内容（现有的或历史的、个人的或社会的事实）转化为一个独立自主的整体（如一首诗、一篇剧作、一部小说等）的结果。"由于过分依赖艺术形式作为中介平衡现实，马尔库塞也难免陷入乌托邦的"神话"。

马尔库塞对形式的偏爱难免使其在内容和形式关系的天平上有所倾斜。谭好哲评价："虽然他说过任何历史现实都可以成为艺术模拟的'舞台'，但他常常把艺术内容归结为以性爱、幻想、非侵略性欲望为基础的个人的主观经验，这显然将艺术内容狭窄化了。同时，他对美学形式不绝于耳的礼赞性论述也使人不能不感觉到他在内容与形式的关系上仍然有'倾斜'，他更多地表达了对形式的钟爱。"虽然有些矫枉过正，但不得不承认马尔库塞对形式的重视补救了马克思主义过分轻蔑形式的做法。

陌生化、风格化等文艺美学特有词汇在马尔库塞的艺术形式思想里形成了独特的美学规律，陌生化被马尔库塞赋予了新的内涵，艺术的异化实现的升华被强烈排斥从而形成了反升华的固定斗争模式，陌生化和反升华是手段，风格化既是手段又是目的，艺术形式被风格化为具有战斗力的武器。当面对无法摆脱的异化时，只有追求自由的活劳动才能实现解放，而超功利的、非异化的劳动只有从事艺术的工作才能实现，这种艺术创造工作既是生活方式又是审美形式。这种生活方式在时间和空间的两种存在方式下描绘艺术的美，给人带来幸福的感受并传递真正的幸福和自由。而艺术带来的审美之维需要人们的第三种能力（判断力）来实现，刘彦顺将其称作"第三种道路"。艺术形式作为中介和第三种能力发挥的功能相似，使人从压抑中解放出来。"判断力"和"艺术形式"都作为一种人与艺术的介质，使艺术在人的精神境遇发挥作用并为身处异化的人带来净化的功能。内容、形式的辩证是马尔库塞艺术形式思想内在规律的前提，陌生化、风格化和反升华是过程，审美和净化是结果。

一、风格化的内涵

"所谓风格化，就是现实的材料或直接的生活内容按照艺术形式规律的要求被赋予新的形式和新的秩序，与形式化为一体。这也是既定内容向具体文艺作品的转化，所以也称为美学转化。"阿多诺指出"风格既意指艺术借此而成为语言（风格是艺术中所有语言现象的总和）的内涵性契机，又涉及一种强制趋向，所达到的程度使后者与特殊化相互兼容"。❶马尔库塞有关风格的阐述主要基于阿多诺，他认为不同类别和不同层次的风格是艺术"风格化"量变的组成，也是新的艺术形式形成和实践批判的必经之路。

个体的现实充斥于艺术中的现实，马尔库塞将艺术中的现实区别于日常现实，称其为第二现实。第二现实由现存现实而来又受命于现存现实，最终指导现实世界的个体摆脱压抑。现存现实和第二现实即陌生化和风格化的两级，两者通过艺术分离，艺术在第二现实这里展现着美、欢乐、真实，这些美和真实来自现存世界又被重塑回自然，艺术完全有可能展示的是人们尚未认知的事物。

二、内容与形式的辩证

弗雷德里克·詹姆森在《马克思主义与形式》中提出："形式本身不过是内容在上层建筑领域中的体现。"内容和形式在实践上是难以区分的："内容仅仅是形式转化成了内容，形式仅仅是内容转化成了形式。"（黑格尔）在理论上的确有所区别："马克思主义批评把形式和内容看作辩证的关系，但强调归根结底是内容决定形式。"在形式与内容的辩证关系方面，伊格尔顿认为以俄国形式主义为主的形式主义流派和庸俗马克思主义犯了相同的错误：前者认为内容为形式所用，形式仅作为依附而存在；后者认为艺术形式是历史内容的一种技巧而已。作为马克思主义理论家，伊格尔顿非常赞同马克思主义美学的内容决定形式的决定论，但他排斥庸俗马克思主义的轻蔑形式的论调，他认为将文学中的意识形态内容直接运用到阶级斗争或者经济方面是危险的做法。

马尔库塞也是这些反对者中的成员之一，不同之处就在于他认为艺术形式是有自律能力的，可以将现实和经验安装在艺术身上，艺术在消化和吸收现实的时候通过"风格化""反升华"等转化还原艺术本身的"出淤泥而不染"的状态，与此同时艺术具有了解放功能。在中国的理论语言中很难找到与"形式"相对应的词汇，因此理解"形式和内容"的辩证关系有一定程度的困难，但不难说明的是"形式"承担了一部分乌托邦的成分和形而上的意识形态。以此为背景的马尔库塞的艺术理论往往带有乌托邦性质就再所难免了。

❶ ［美］赫伯特·马尔库塞.审美之维［M］.李小兵，译桂林：广西师范大学出版社,2001.

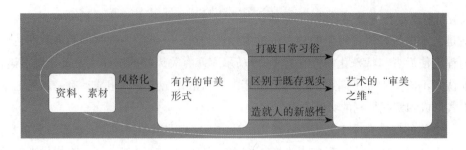

图 2-1　马尔库塞美学思想的要义

通过图 2-1，我们能更清晰地获知马尔库塞美学思想的要义。原始素材和资料经"风格化"组织，即按照艺术形式规律的要求被赋予新的形式和新的秩序，形成有序的审美形式，这一审美形式通过打破日常习俗、区别于既存现实以及造就人类新感性使艺术的"审美之维"（即艺术的革新作用）成为现实。

三、艺术形式的异化解放

作为最早发掘马克思《1844 年经济学哲学手稿》（以下简称《书稿》）的研究者，马尔库塞将马克思有关"人的异化"的理论移驾到艺术之上，而异化这一过程的实现者正是艺术形式，艺术形式是最终使"化学反应"得以实现的神奇药水。马克思在《手稿》中指出，人的本质即"自由自觉的活动"的实现，只有解放劳动，才能实现人类解放。马尔库塞将自由劳动的本质力量规定为人类的根本潜能，人类追求快乐的自由活劳动是这一潜能开发的关键。因为在发达工业社会下的人们的劳动不仅被异化了，人们的所有空闲时间也充斥着异化。恢复爱欲对人们实现反异化和本性的解放在马尔库塞看来是最好的方式。

（一）艺术的空间意义——妥协和挣脱

艺术作为现存文化的一部分，它是一种肯定的力量，依附于现存文化；艺术作为现存现实的异在，它是一种否定的力量。艺术的历史可以理解为这种对立的和谐化。人们在最具现实意义的作品里都能体会到艺术所表达的现实很大部分是超出理解的，表述日常现实生活里尚未遇见的事物就是艺术的特异功能——"异化"。艺术在肯定性质下的自我否定来源于"艺术仍然与作为艺术本源的现存现实是疏离的。"这种另一层次的对应被马尔库塞称为"第二层次的异化"异化。

异化使艺术更接地气地展示社会的各种意识形态，社会阶级的特定意识形态在艺术中的呈现是透明的。超越特定的或者占统治地位的阶级和意识形态的艺术也因此成为表达普遍真理的地方，艺术本身也作为意识形态被不同地位和不同空间甚至不同时代的人找到了意识形态定位，这是一种肯定的姿态；艺术同样表现着一种抗拒，在经过各种"和解"和协调以及妥协之后，艺术的夸张的、变态的、不合时宜的"异化"宣布了自己与现存现实的对立，这是肯定下的否定。

（二）艺术的时间意义——追求和启示

异化的形式和艺术的形式都将随着社会来改变，工业技术或者网络技术的发展都会造就不同形式的艺术异化。并不是说艺术必定会超前于人们现时段的认知，一部分艺术展示给人们的是迟于现实的回忆或者其他，艺术作品的时间和现实生活的时间不同步（或快或慢）是艺术形式的常用表现手法，人的理性认知和感性认知都在艺术形式的"异化"表达中被激发，艺术的这种帮助人们认识的技能就成为升华美和真的前提。当然，"美可以产生真：在美中，据说会显现一种不会也不可能以其他方式出现的真"。审美形式即是对另外一种秩序的营造，营造的结果是让现实进入"美的规律"。❶

艺术异化使艺术创造出脱离现实的"非现实"的幻象，马尔库塞运用梅洛·庞蒂对塞尚绘画的描述表达了对"异化"的欣赏："在这个天地中，任何语词、任何色彩、任何声音都是'新颖的'和新奇的，它们打破了把人和自然围蔽于其中的习以为常的感知和理解的框架，打破了习以为常的感性确定性和理性框架。由于构成审美形式的语词、声音、形状以及色彩与它们的日常用法和功用相分离，因而它们就可逍遥于一个崭新的生存维度。"❷

第四节　马尔库塞美学思想对设计美学的当代意义

一、美学与设计美学

美学也就是人类思考美的理论体系，人类可以在理论方面系统地了解美，进而提高对美的鉴赏能力，理性地创造美的事物，美化生活环境。康德说，美学是"一门研究感观的感觉条件的科学"。目前，"美学"主要是指在 19 世纪 40 年代

---

❶　［美］赫伯特·马尔库塞. 审美之维 [M]. 李小兵，译. 桂林：广西师范大学出版社，2001年 10 月第 1 版.

❷　同上.

描述一种新的艺术评价态度时创造出来或借用来的术语，当时意指真与美的欣赏。

设计美学就是具体探讨设计领域美学问题的学科。设计美学以设计应用为目标，旨在为设计活动提供相关的美学理论支持。设计美学是一门交叉性学科，这么说是因为它包括艺术哲学领域和物质生产领域，设计的产生源于物质功能的消费需要，而"美"的意义是多方面的：有感性层面，也有理性层面；有物质层面，也有精神层面。随着人类生活水平的提高，人们已不再满足于单纯功能性的产品设计，更希望在产品的设计中渗入更多美的感觉。这就由最基本的物质性追求上升到了精神性、文化性的追求。

二、马尔库塞美学思想对设计美学的当代意义

马尔库塞的美学理论自始至终都是一个开放于社会现实的理论体系。马尔库塞所倡导的"为艺术而艺术"的形式主义美学在本质上就是致力于艺术救赎之路的广义政治哲学：艺术始终以审美形式的面貌颠覆现实，以审美形式更新人们的感知，重塑情感与理性统一的和谐状态，并借助人们的新感性实现艺术的社会潜能。其关注社会现实、关注人的感知塑造的理论基点不仅拓展了现代美学的思维空间，还促进了现代美学思潮的多元走向。

马尔库塞的美学思想是建立在其人本主义的社会批判哲学基础上的。这种社会批判哲学立足于人的普遍人性结构，借助马克思早期的异化劳动理论和弗洛伊德的精神分析学，认为现代资本主义社会的罪恶和病态，全在于它压抑和扭曲了人的本性，造成了人性的异化。现代资本主义现实的发展证明一场新的革命已经来临，这场新的革命不同于以往的暴力革命，是一场本能革命、感觉革命或文化革命。革命主体必须着手于人们行为心理基础和本能结构的改造，因为发达工业社会使人性分裂，铸造了异化的心理和本能结构，革命必须先使这些心理和本能获得解放。在马尔库塞看来，艺术和审美活动就起着拯救现实中人性异化的作用。人的本能的解放之路实质上是一条通往审美的道路，由此便产生了他对美学的高度重视。

马尔库塞一直把审美和艺术与社会革命、人类解放联系起来考察，认为审美和艺术具有巨大的社会政治潜能。但他并不认为审美和艺术能直接产生这种功能，它需要通过一种中介才能实现。他说："艺术不能为革命越俎代庖，它只有通过把政治内容在艺术中变成元政治的东西，也就是说，让政治内容受制于作为艺术内在必然性的审美形式时，艺术才能表现出革命。""我认为艺术的政治潜能在于艺术本身，即在审美形式本身。"这表明审美和艺术的革命功能只能通过审美形式来实现。因此，马尔库塞在其美学思考中一直把审美形式放在艺术和审美的中心地

位，认为艺术和审美中的一切都离不开审美形式，一切都由审美形式而实现。可见，在马尔库塞的形式理论中，"审美形式"是最重要、最本质的一个方面。

"形式"一词在西方哲学史和美学史上具有悠久的历史，其内涵十分丰富复杂。这个问题也一直是历代美学家所重视的问题。以往，人们对艺术形式问题的研究，大多受黑格尔内容论美学的影响，先把形式作为内容的对立面而与内容区分开来，然后把形式作为艺术内容的附庸看待。随着现代艺术实践和现代美学的发展，传统的占支配地位的"形式—内容"二分法的模式受到了冲击，形式不再是与内容相对立和依存的结构范畴，而上升为一个独立的审美范畴，它摆脱了原有的附属地位和纯技巧因素，成为一个规定艺术的特殊本质的独立范畴。比如，20 世纪初，俄国形式主义从语言学角度出发，以形式为中介，把内心的东西与外部实存的事物沟通，主体通过语言活动来发挥形式的规范力量，打破日常经验的框架，重构现实，从而使艺术的形式成了人们感受与把握世界的实际方式。英国当代美学家克莱夫·贝尔提出了"艺术乃是有意味的形式"的著名命题。他认为，"所谓'有意味的形式'就使我们可以得到某种对'终极实在'之感受的形式。"这"终极实在"只能通过纯粹的形式自行呈现出来，别无他途。这就是说形式是艺术特有的基质，而且有意味的形式不同于现象的实在，而是同"物自体"或"终极的实在"有关。美国著名哲学家、符号学美学家苏珊·朗格提出了艺术是"人类情感的表现性形式"。英伽登、韦勒克等人也提出了艺术品的层次结构理论。他们都超越了传统的内容与形式的二元对立的理论模式，把艺术看作一个完整的、多层次的有机体。

由此可见，形式从单纯表现内容的符号变成了艺术本身、事物本身的存在状况，这是现代美学所更新的形式观念。马尔库塞汲取了现代美学的新观念，从内容变成形式的角度说明艺术作品对政治内容、实践功利目的的负载形式，提出了"审美形式"的范畴，打破了传统的内容与形式二分法的理解，从而对界定艺术的独特本质，揭示审美和艺术的政治、革命功能的间接性产生新的启示意义。

马尔库塞指出，艺术与现实以及其他人类活动相区别的特质不在内容，也不在纯形式，而在于"审美形式"。艺术作品不是内容和形式的机械统一，也不是一方压倒另一方，而是内容向形式的生成，内容变成了形式，这样生成的形式就是审美形式。他说："所谓'审美形式'，是指和谐、节奏、对比诸性质的总体，它使作品成为一个自足的整体，具有自身的结构和秩序（风格）。艺术作品正是借助这些性质，才改变着现实中支配一切的秩序。"这里，审美形式不仅是传统美学中无内容的或仅为内容所决定并为内容服务的外在形式结构关系，还与内容意义结为了和谐的整体。可见，在马尔库塞心目中，审美形式是艺术作品所具有的总体质，其中既包括和谐、节奏、对比等这些纯属形式的艺术品的外部形态的显性结构，也包括意义这种内容要素，是"成为形式的内容"或"具有内容的形式"。因而，审美形式具有以下特点：

（1）审美形式是艺术与其他人类活动区分开来的独特标志，是艺术之所以为艺术的本质特征。马尔库塞在其晚年著作《审美之维》中批判了几种流行的错误的形式观点。首先，在他看来，形式不是情节，同一故事情节可以为许多作品采用而获得不同的含义，如索福克勒斯的悲剧与其他许多作品都分享过"俄狄浦斯的故事"；其次，形式也不是艺术表现对象所具有的普遍样式，如绘画形式不是指人的坐姿、站姿或表现风景、静物的常用范式，这些都是被许多作品广泛采用而不断重复的因素；再次，形式不是指艺术素材的原有外在形式，因为它们尚未进入艺术活动中而成为艺术品不可缺少的特殊标志。在批判了这几种观点之后，马尔库塞说："我所使用的形式这一术语指的是那种把艺术作为艺术来界定的东西，即，指那种从本质上（本体论上）说不但和（日常的）现实不同，而且和另外一些智力文化和科学、哲学等不同的东西。"他还指出，形式是构成作品独一无二的、不朽的、具有同一性的东西，是使一个作品成为艺术作品的东西。正是这种形式使艺术在机械化日常生活中呈现出了高级的、深刻的、美好的并能使人快乐的东西，满足了人们日常生活和娱乐中不能被满足的需要。因此，审美形式是艺术赖以和人类其他文化成果区分开来，从而获得其自身独立存在价值的固有特质所在。

（2）审美形式是经由风格化或审美转化的过程而形成的。所谓"风格化"，就是现实的材料或直接的内容按照艺术形式规律的要求被赋予新的形式和新的秩序，与形式化为一体，现实被升华了，内容被风格化了。这也是既定的内容（现有的或历史的、个人的或社会的事实）向具体的文艺作品（如一首诗、一出戏、一幅画、一部小说等）的转化，所以也称为审美转化。风格化或审美转化是文艺创作的普遍规律，没有风格化就没有审美形式。马尔库塞指出，任何历史现象都可以成为艺术模拟的舞台，"唯一的要求是，这一历史现实必须风格化，即必须受制于审美的'造形'，而且正是这种风格化使现存社会的现实原则的规范在价值上被超越"。风格化或审美转化是通过对语言、感觉和理解力的改造而实现的。其结果是使它们能在现实的现象中显现出现象的本质：人与自然的被压抑的潜能。这里，"审美形式"既指艺术品的本体存在形式，也指形式范畴的框定改塑了的内容本身及将内容转化为形式的过程和机制。形式通过对内容的风格化（审美转化）而进入审美之维并与内容成为"统一体"。在这个"统一体"中，形式是主导性概念，内容被形式所改塑而获得了超越其内容的组成成分的一种意义。在这种对现实的"复现"和"超越"中，艺术表现了对现实压抑性本质的反抗，从而获得了革命性。因此，风格化或审美转化在马尔库塞那里实质上变成了一种认识和控诉的手段，变成了一种对压抑人性的异化现实的揭示和抗议。

（3）审美形式是对既存社会现实的超越和升华，它与现实相间离，具有自主性品格，它不依附于任何阶级，也不为任何阶级服务，是彻底独立自主的，具有永恒的价值。马尔库塞认为，艺术虽然来自现实，但是凭借审美形式，它能创造出与既存现实相疏离的另一个想象的、理想的现实，当"艺术用美与崇高、庄严与快乐把既定现实装备起来之后，它就同这一现实相分离并使自己面对另外一个现实……甚至是现实主义的艺术作品也构成了一个它自己的现实"，从而显露出了一些在日常生活中还未曾说过、未曾见过、未曾听到过的东西。也就是说，艺术形式通过想象和幻想，促成了艺术对既存现实的疏离和超越，使读者在审美快感中实现了精神的升华和净化。同时，它又指向了未来世界，最终把现实改造为审美化的理想王国，即把现实从社会理性之维生发到审美之维。

（4）审美形式是对现实世界的改造和重建，它蕴含着否定和拒绝异化现实的艺术的政治潜能，能促进新感觉和新意识的产生，"审美形式给那些习以为常的内容和经验以一种异在的力量，由此导致新的意识和新的知觉的诞生"。这种新意识和新感觉能破坏既存的社会现实，创造出不同于既存世界的新世界，具有使人解放的作用。审美和艺术通过审美形式能够建造一个完全不同的与既定的现实相对抗的现实，这种建造是按照艺术的形式规律进行的。他说："这是马克思的一个想象：'动物只是按照它的需要来进行建造，人也按照美的规律来建造'。"可见，马尔库塞所说的按照艺术的形式规律重建世界是基于马克思所说的按照美的规律来建造的思想。这里，他把艺术的形式法则视为美的规律，主张按美的规律（形式法则）来改造、重建世界。他强调，这种改造与重建不仅"是精神意义上的，还是物质意义上的一种创造，是总体的环境重建中技术与艺术的接合点，是最后从商品化的剥削和美化的恐怖中解放出来的城市与乡村和工业与自然的接合点"。在此，通过审美形式，艺术和审美就成了按美的规律来改造和重建世界的重要物质力量。

马尔库塞在对审美形式理论的论述中，最有特殊意义的部分是把审美形式与艺术的社会政治潜能、艺术的解放功能联系在一起。在《审美之维》一书的开头部分，马尔库塞就指出，他的这本书是以马克思主义理论为依据的，因为它也是从现有社会关系的来龙去脉中来观察艺术，并肯定艺术具有政治功能和政治潜能。"但是，与正统的马克思主义美学相反，我认为艺术的政治潜能在于艺术本身，即在审美形式本身"。这是马尔库塞和被他称之为"正统的马克思主义"的一个重要的、原则的分歧。

正统的马克思主义文艺批评简单地对待政治与艺术、内容与形式的关系，以政治质量衡量艺术质量，以题材性的思想内容替代审美形式的创造，从而将艺术贬低为政治的奴婢，使形式沦为内容的附庸。马尔库塞则认为艺术的特质不在于内容，而在于内容变成了形式；艺术的手段不是顺世从俗地反映现实的直接性和即时性，而是形式对既定现实内容的疏隔效果和超越作用。因此，艺术的政治、革命功能也就不在于它能够作为政治观点的宣传品和革命实践的工具，而在于由审美形式所构筑起来的艺术世界能对既存社会的经验、意识、感觉起破坏作用。

他指出："艺术真理的根基在于让世界就像它在艺术作品中那样真正地表现出来……这种观点意味着，文学并不是因为它写的是工人阶级，写的是'革命'，因而就是革命的。文学的革命性，只有在文学关心它自身的问题，只有把它的内容转化为形式时，才是富有意义的。因此，艺术的政治潜能仅仅存在于它自身的审美之维。艺术同实践的关系毋庸置疑是间接的、存在中介以及充满曲折的。艺术作品直接的政治性越强，就越会弱化自身的异在力量，越会迷失根本性的、超越的变革目标。"在他看来，艺术的政治潜能表现在它所具有的纯粹审美形式中。正是这些纯粹审美形式：音韵、结构、语词、色彩、线条、调性、节奏、旋律等，赋予了艺术不服从现实的特权，赋予了艺术对抗现存社会关系的能力。所以，艺术并不直接采取社会的或政治的形式，而仍然诉诸艺术结构，以明确表明其与现实的距离。艺术只能用自己的语言和形象来表现它所具有的激进反抗的潜能，它所带给人们的认识和解放的力量也仅存在于艺术本身，存在于一件艺术品的风格形式之中。因此，一件作品愈有政治气味，革命性就越弱；其审美形式越精巧，革命性就越强；愈脱离现实，革命性保存得愈久远。在这个意义上，马尔库塞认为波德莱尔和兰波的象征主义诗歌比布莱希特的政治戏剧更富有破坏现实社会的潜能，更具有革命性和超越性。他甚至认为，马拉美、波德莱尔、普鲁斯特等人的"唯美"或"颓废"作品比那些站在无产阶级立场的作品更有解放价值。因而，马尔库塞极力反对艺术家拼命使艺术成为生活的直接表现，反对艺术家将革命变得主题化。

审美形式之所以能展示出否定与超越的向度，之所以会具有革命性作用，原因有以下几方面：第一，审美形式最能承载个人的感性、热情、愿望、欲求、冲动、幻想，即个人的主观性，而"产生革命变革的需求，必须源于个体本身的主体性，植根于个体的理智与个体的激情、个体的冲动与个体的目标"。第二，审美形式赋予了熟悉的内容和熟悉的经验以疏隔或陌生化的面目，构筑了与现实真实不同的另一种真实，由此"导致新的意识和新的知觉的诞生"。借助审美形式，艺术创造了一个比现实本身更真实的虚构世界，并以此来控诉既存的现实世界，因而成为现实生活中一个唱反调的力量。第三，"形式的专制"压制了意味着与现实和解的表现的直接性，从而压制了虚假的表现性。"就艺术作品的社会功用看，审美形式是根本的。形式的性质否定着那些压抑人的社会的性质——它的生活、劳动和爱情的性质。"所以，马尔库塞一再强调说"艺术的批判功能、艺术为自由而奋争所做出的奉献存留于审美形式中"。

随着社会经济的发展和人类需要的不断提升，现代设计越来越注重对人本身的关怀、对人性的关注，人性化设计已成为设计领域的一大亮点，并逐渐形成一种势不可挡的潮流和发展趋势。设计美学的"人性化"关怀经常是以美学的方法，在设计中注入审美心理、文化等人文因素，给人以想象的空间和审美韵味，引发人心灵的感动、震撼与回味。"人性化"设计的着眼点在于让社会上更多的人感到世界的温暖、人类的爱心和人与自然的和谐亲近，其目的在于满足人自身的生理和心理需要。需要的不断产生、满足和提升推动着设计向前发展，并影响和制约设计的内容和方式。美国人本主义心理学家马斯洛提出的著名的需要层次理论揭示了设计美学"人性化"的实质。人类设计由简单实用到以人为本的"人性化"的发展走向正是这种需要层次逐级上升的反映。

当社会经济发展达到一定程度时，人们更愿意接受能给人带来轻松愉快、亲切温馨、幽默有趣、惊奇诧异等心理感受和体验的设计作品。对设计师而言，就应该顺应时代要求，不仅在快节奏的竞争中为人们创造出更多的物质财富，还要给人以更多的亲情、自然与温馨。

设计师通过对设计形式和功能等方面的"人性化"因素的注入，赋予设计物以"人性化"的品格，使其具有情感、个性、情趣和生命。当然，这种品格是不可测量和量化的，而是靠人的心灵去感受和体验的。设计人性化的表达方式就在于以有形的"物质态"去反映和承载无形的"精神态"。一般而言，设计美学"人性化"的表达方式有如下几种：

（1）设计美学的"以情动人"——通过设计美学中的形式要素（如造型、色彩、装饰、材料等）的改变，诱发人积极的情感体验和心理感受。在设计美学中，造型要素是最为关注的一个方面，设计的本质和特性必须通过一定的造型而得以明确化、具体化、实体化。比如，1990年荷兰飞利浦公司专门为儿童设计的"发现者"头盔式电视巧妙地把产品设计成了"头盔"式样，外面是一个可以打开的半球型罩，有效防止了灰尘污染，保护了电视屏幕。电视屏幕则是一块稍带弧形的平面，颜色以高雅的深灰色为主，上面点缀一条醒目的红色块，流畅的现代造型中带有几分神秘感，加之以"发现者"命名，极大地迎合了儿童的好奇心，也令那些童心未泯的成年人喜不自禁。先前，人们称设计为"造型设计"，虽然不很科学和规范，但多少说明了造型在设计美学中的重要性和引人注目之处。

尽管如此，一件产品只有优美的外形是远远不够的，只有与作为产品的第一视觉语言的色彩相结合，才能表现出强烈的情感，唤起各种情绪，产生强大的精神影响力。当代美国视觉艺术心理学家布鲁墨说："色彩唤起各种情绪，表达感情，甚至影响我们正常的生理感受。"另一位心理学家阿恩海姆则认为"色彩能够表现感情，这是一个无可辩驳的事实"。20世纪80年代，由德国人为发育迟缓的儿童设计的学步车曾获国际工业设计大奖，该设计没有选用伤残人器械上常用的那种闪着寒光的铝合金，而采用打磨柔滑的木材制作，再涂上鲜亮、美丽的红漆，配上一部玩具的积木车。产品工艺简单，却受到国际工业设计界的好评。其根本原因在于设计者做到了在材料的选择、色彩的搭配和功能等方面的合理配置，使孩子觉得它不再是医疗器械，而是亲切和喜欢的玩具，这有利于孩子打消自卑的情绪，增强生活的勇气，形成健康的人格。这表现了一种对人性关怀的思想。现代设计美学观崇尚自然材料的运用，增添了自然情趣，引起了人们的情感共鸣。因而，色彩是一般审美中最普遍的形式，是设计美学"人性化"表达的重要因素。

此外，在设计美学中，设计师可以在迎合当下机械化大生产技术条件的前提下，通过适当的情趣化装饰来增加产品的个性和趣味，赋予设计物灵性。

（2）设计美学的"以技服人"——基于人体工程学和信息技术之上的产品设计应该是充满人性化的。首先，真正的人性化设计必须重视人机工程学在现代设计中的运用。人机工程学又称人机工效学，是一门让技术人性化的科学、一门关于技术和人的协调关系的科学，即如何让技术的发展围绕人的需求来展开，把人作为产品和环境设计的出发点，使其性能、色彩等更好地适应和满足人类的生理和心理的需要，从而使人们在工作中更安全、便捷和舒适，工作效率更高。

科学性与艺术性是现代设计的两面，两者不可偏废。设计美学的"人性化"要以设计的理性化和功能性为前提，将艺术性与科学性有机地结合起来。若违背了理性化的科学结构和合理的功能，这种"人性化"实际上就违背了人性，不是真正的人性化设计。我们不断地追求更适合人体结构的造型形式，充分考虑人在使用和操作产品的生理舒适性，就是对设计美学"人性化"关怀的一种体现。把握好了产品的生理尺度，使产品像穿戴的服饰和珠宝一样成为我们身体的一部分，使设计物与使用者高度契合、融为一体，也将带给使用者愉悦、温馨的心理效应。设计美学的"人性化"表现在设计对人的生理尺度和心理尺度的双层满足中。因此，重视人机工程学的运用不仅是科学技术对生理的满足，还是体现设计美学"人性化"心理关怀的途径。人的生理感受和心理感受本来就是交织在一起、不可割裂开来的。

比如，眼镜对近视患者来说，是不可缺少的工具，但其重量总会加大鼻子的负荷，且其外形会影响到脸部的美观。丹麦的迪星·韦特灵设计的钛合金眼镜使眼镜不再只是工具，它可以使人变得气质高雅，令使用者倍感方便、舒适和温馨。这就是通过运用人机工程学而体现的设计人性化。

其次，在信息高速公路时代，数码产品必须关注人性化设计。数码产品是其主要功能建立在信息技术上的产品，实现其功能所需的信息传输是以"比特"为单位的（"比特"是信息的最小单位，是数字化计算中的基本粒子，能以光速传播）。当前，数码产品日益成为社会生活不可或缺的工具，如办公用的电脑、打印机、扫描仪等，娱乐用的数码音乐播放器、数字音响、电子游戏机等，生活中用的手机、数码相机等。21世纪以降，当智能住宅开始普及后，生活的自动化亦即将开始，人们的交往大多在网络上进行，人与人之间的情感交流方式改变了，情感的孤独与疏远将会给每个人以新的苦愁。有学者指出，在高科技发展的同时，必须用情感的力量去取得平衡。因此，数码产品的设计不能忽视人的情感，设计师有责任让使用者在使用产品的过程中得到愉快的情感体验。数码产品作为信息社会的主导产品也应该是充满人性化的。

（3）设计美学的"以义感人"——通过对设计物功能的开发和挖掘，在日臻完善的功能中渗透人类伦理道德的优良传统，让人感到人道主义的亲切、温馨。设计师只有用心去关注人，关注人性，才能以饱含人道主义的设计去打动人。比如，一个会鸣叫的水壶，把哨子改成吹出一个和声的汽笛，使人在水开时不至于因尖锐的叫声而惊慌，当然也要最大限度地减少噪声对人的伤害。再如残疾人用的瓷器套具，此套设计是专为残疾人做的餐具，又不让人直接看出它们是专为残疾人做的，故而设计师在充分考虑人机工程学的基础上，特别处理手把的凹凸，使患者拿在手里有一种心态上的平衡感，既能看到又能摸到，却不那么显眼。这些设计的着眼点在于让社会上更多的人感到世界的温暖、人类的爱心和人与物的和谐、亲近。

（4）设计美学的"以名诱人"——凭借对语言词汇的巧用，给设计物一个恰到好处的名字，常常成为设计人性化的"点睛"之笔。众所周知，一个绝妙的选题往往能造就一篇好文章，因为好题目能给读者以无穷的想象，给主题以无言的深化。同样，一种好的设计有时亦需要好的名字来点化，诱使人去想象和体味，让人心领神会而怦然心动。意大利设计大师索扎斯曾为奥利维蒂公司设计了一台便携式打字机，外壳为鲜艳的红色塑料，小巧玲珑而具备特有的雕塑感，其人性化的设计风格令消费者青睐有加，其浪漫而富有诗意的名字——"情人节的礼物"更是令人情意顿生，怜爱不已。设计师在展示其设计的实用功能的同时，还为人们提供了许多实用之外的东西，带给了人们许多思考和梦想，给人的心灵震撼和情感体验是不言而喻的。

（5）设计美学的"以理化人"——通过前卫设计理念（如生态设计等）的倡导，以期改变、转化人们陈腐的设计观念，这往往能够为人性化设计输入新的血液。随着科学技术的发展，新产品不断涌现，人们的生活方式也随之不断地改变，但伴之而来的资源及环境问题日益严峻，生态设计的观念应运而生。这种设计美学观是，在产品生命周期内优先考虑产品的环境属性，除了考虑产品的性能、质量和成本外，还考虑产品的回收与处理以及产品的经济性、功能性和审美等因素，从而设计出对环境友好又能满足人的需求的产品。生态设计体现了设计师的道德和社会责任心的回归以及对人性的关怀。只有本着生态设计的理念才能体现出"以人为本"的人性化设计原则。

总之，设计美学的"人性化"关怀充分体现了人类对自我的关心、对生活的挚爱以及对环境的关注。伴随着人类认识水平的日益提高，设计的层次会越来越高。从某种意义上而言，设计的不断发展和提升的过程即是人的认识、思想、审美能力和情感不断完善的过程。人类设计是人类情感、文化精神及伦理道德的写照。设计师的职责就是使人从物的奴役中解脱出来，使人的生存境遇更适合人性，使设计物更具审美价值、情感特征，使人类情感更加丰富、人性更加完美，真正达到中国传统文化一直以来奉行的"天人合一""物我两忘"的最高境界，实现人与自然的和谐、亲近。

当代英国杰出的文化批评家、理论家特里·伊格尔顿在《审美意识形态》中有意识地将对美学与意识形态之间关系的思考与更广泛的社会现实联系起来，这也正是现代美学视野中一种突出价值趋向，更是马尔库塞形式美学的一贯主张。美国著名美学家苏珊·朗格提出艺术形式与人的感知、情思和动态形式具有同构关系，艺术形式所把握和表征的是强化了的生命力，艺术作品表现的是关于生命、情感的内在现实的概念，这与马尔库塞审美形式论中关于艺术塑造人类新感性的观点不谋而合。

在工业化大生产、艺术品被大量复制的背景下考察马尔库塞的艺术形式论，我们发现马尔库塞对审美形式的推崇与艺术商业化的倾向并不矛盾。马尔库塞认为，一件制品之所以能成为艺术品，是因为它蕴含着艺术的同一实体，只要不可替代的审美形式依然存在，它所特有的艺术品性就不会衰减，即使接受全新的阐释、编排甚至是复制，也能够在实质上被称为艺术品。在现代社会快餐式的文化艺术潮流中，如何使作品具有独一无二、经世不衰的艺术性以及具有相当的文化价值，进而能够在社会进步的潮流中实现自己超越和否定现实的社会潜能，是每一个的艺术家必须思考的问题。马尔库塞对内容与形式、艺术与社会现实的辩证关系的论证不仅在艺术理论领域产生了巨大影响，还对设计艺术领域具有积极的理论引导作用。

第三章　国内外书籍行业发展分析

第一节　国内外出版产业发展概况

一、中国出版业的发展历程

改革开放以来，在党的以经济建设为中心，坚持改革开放，坚持四项基本原则的基本路线指引下，广大出版工作者解放思想，实事求是，抓住机遇，开拓进取，深化改革，促进发展，建章立制，加强管理。经过 40 多年的飞速发展，中国出版业发生了深刻的变化。

（一）出版物质量提高，精品迭出，买方市场形成

改革开放以来，我国出版物的总体质量得到了显著的提高。图书的层次和结构都发生了重大变化。过去以单本书居多，现在中型和大型重点图书增多。控制规模数量，强化优质高效，使再版图书比率提高，图书再版率从 20 世纪 80 年代初的 15% 左右上升到目前的 45%。国家制定了"八五""九五""十五""十一五""十二五"重点书规划，辞书、古籍、少儿读物和音像、电子出版物规划。这些规划的实施，带动了出版整体质量的提升。标志着我国出版规模和水平的一大批"骨干工程"，如新编译的《马克思恩格斯全集》50 卷、《列宁全集》60 卷、《中国大百科全书》74 卷、《中国美术全集》60 卷、《辞海》《汉语大词典》《汉语大字典》《机械工业手册》等高质量图书陆续出版。新出的各类词典有 4 000 多种。中外学术名著和高新技术类图书也大量出版。整理出版的书籍超过 5 000 种。出版市场已由卖方市场转变为买方市场，其特点就是出版物的相对过剩，而不是绝对过剩。人均图书消费占社会商品流转总额的比重由

过去的 0.7% 左右上升到 1.15%。除边远农村外，"买书难"的状况已从根本上改变。出版的繁荣既是改革开放以来经济、文化和科研事业蓬勃发展的反映，又为改革开放提供了精神动力和智力支持。

（二）科技应用水平提高，载体形式发生变化

改革开放以来，高新科技从技术装备、载体形式和管理水平三个方面均深刻地影响着我国出版业的发展。

从技术装备上看，我国出版正逐步地告别"铅与火"的历史，走向"光与电"的时代，新技术、新装备在我国出版业被广泛应用。DTP 的广泛应用不仅大大节省了编辑的人力和时间，将传统出版的编辑和部分制作过程统一起来，还把一些原在印刷厂的工作转到出版社来；CTP 的使用使更多书籍可以用彩色印刷，使出版物更为精致；POD 的广泛应用，解决了绝版书、短版书的出版困难问题，使传统书籍更加朝着多品种方向发展。

从载体形式上看，我国出版业正在紧紧地跟随世界的发展潮流。音像制品发展很快，为我国出版业的发展展示了美好的前景，短短几年中。此外，网络出版也日益受到关注。

在管理方面，计算机已广泛应用于出版社的管理、编辑、发行工作中，从而促进了我国出版业管理水平的提高。出版单位内部的管理系统，包括图书出版、图书销售、成本核算、财务管理、人事管理，特别是图书质量管理等多个应用系统已初步实现计算机化。编辑部门实现了办公室自动化，出版单位也纷纷建立网站，在网上销售图书。图书发行的订、发货业务已实现了计算机管理，图书条形码计算机销售结算已在全国各大中心城市得到应用。

（三）出版的法制建设日趋完善，行政管理水平提高

改革开放以来，随着依法治国战略的实施，我国出版业的法制工作有了长足的进步，形成了以宪法为根本，刑法、著作权法相互配套的法律体系。我国宪法确定的基本原则和公民基本权利义务是我国出版业发展最可靠的保证；我国的刑法对出版物犯罪做出的明确规定是维护出版业正常运行发展的重要保障；我国著作权法的颁布实施有效地保护了出版单位和作者的应有权利，是调动和保护科学文化发展、艺术创作和传播的重要条件。从行政管理的角度看，我国形成了相互配套的管理法律体系，国务院先后颁布了《音像制品管理条例》《出版管理条例》《印刷业管理条例》。中央有关部门和国务院有关行政管理机关先后颁布了一大批管理规章制度，目前出版、编辑、印刷、发行等各个环节的管理均有章可循。

出版管理的指导方针也发生了重大变化，从改革开放前的以阶级斗争为纲转变为以经济建设为中心，党和国家在出版方面一系列的方针政策逐步完善，繁荣与发展成为出版工作的中心；依法行政、依法管理得到有效的贯彻落实，执法水平显著提高；在管理工作中比较好地处理了把握导向、促进稳定、加强管理、推进繁荣相互间的关系，注意把政治问题、学术问题区别开来，具体问题具体分析，对问题关注而不热炒，注意有什么问题就解决什么问题，是什么问题就解决什么问题，无论解决什么问题都不能影响发展这个主题，不能影响改革、发展、稳定的大局，不能影响出版业的繁荣发展。

（四）出版队伍稳步发展，出版业的凝聚力增强

为加强出版专业技术队伍建设，提高出版专业技术队伍的整体素质，从2001年8月1日起国家对出版专业的技术人员实行职业资格制度，纳入全国专业技术人员职业资格制度的统一规划。出版专业技术人员职业资格实行全国统一考试管理，由国家统一组织、统一时间、统一大纲、统一试题、统一标准、统一证书。目前，编辑、出版、发行、印刷从业人员中相当一批工作人员有了专业技术职称。出版教育已被纳入国民教育体系，北京大学、清华大学、武汉大学、复旦大学、南京大学、南开大学等一批重点大学开办了新闻出版专业。我国出版专业教育的特点可以用"多专业、多层次、多渠道、多规格"来概括。多专业是指围绕出版业已经相继建立了编辑专业、出版专业、印刷专业、书籍装帧专业、图书发行管理专业。多层次是指到目前为止，已经初步形成了三个大层次、九个级别的专业教育体系。多渠道是指教育渠道多样化包括全日制正规大学、电大、函大、职大、成人自学高考、委托代培、专业证书班、业余教育、短训班、辅导班、培训班、研讨班、学习班等。多规格是指满足不同层次、不同工种、各类工作人员持续受教育的需要。随着我国出版业改革的进一步深入，经济效益、社会效益的日益凸现，大批专业人才已逐步转到出版领域。出版队伍素质的提高将使我国出版业的发展建立在可靠的人才基础之上。

（五）出版对外交流不断扩大

改革开放以来，我国出版业对外交流不断稳步发展，增进了中国出版界与世界的相互了解，北京国际图书博览会和国际音像博览会在世界上已有了一定的知名度。我国出版界积极地参加德国的法兰克福、埃及的开罗、美国以及新加坡等著名的国际书展；我国加入了伯尔尼公约、世界版权公约和唱片公约。中国与世界出版业的联系大为增强。

二、西方主要国家出版业的概况

（一）美国出版业的发展历程

美国的出版业已发展到高级阶段。20世纪90年代初，其图书出版业在世界图书出版业的地位举足轻重，一直稳居世界图书出版的霸主地位。美国1998年登记注册的出版社共有9 000多家，年销售额在3 000万美元或雇用员工达150名以上的大型出版社有40家。其中，美国前20家规模最大的出版社的年销售收入占了全美总销售收入的75%，利润的50%。除了少数出版机构由政府管理以外，其余的基本上是私营企业或股份制企业，其出版活动不受政府干涉，政府只是通过法律和经济手段规范出版业行为，对出版企业的出版活动进行宏观调控。

就图书出版品种而言，美国图书贸易市场及公众每年可以购买到的新版图书自1988年达到56 027种后，一直稳中有降，维持在50 000种左右，其覆盖的人类文化各学科是非常全面的。美国图书出版品种可分为商业图书、大众市场图书、图书俱乐部版、邮购图书、宗教图书、职业图书、大学出版社版、中小学教材、大专教材等。

从市场销售额分类看，商业图书业绩最好，这与美国35岁以上的人口激增有关，且许多重版书目中的图书与电影、电视有关，符合当今读者多媒体消费的需求。科学技术的发展及国内就业形式的影响使职业培训类的图书也颇受欢迎。正像麦格劳—希尔公司版《美国工业和贸易展望》中所言，美国职业图书的国内外销售将是图书出版和印刷工业中发展最快的一块。

美国国内图书的发行渠道有一般零售、大学、图书馆和机构、中小学和出版社直接销售等。此外，近年来美国还有许多网上售书公司，如亚马逊网上图书销售公司上网约有250万个品种，国际图书服务商上网约100万个品种，还有电子湾、巴诺网上书店等。随着零售业的发展，大型连锁店这种商业模式已经进入图书的发行环节，在美国，三大书店都是大型连锁店：巴诺图书连锁店、鲍德斯图书连锁店、百万书店。而且连锁书店已占领了全美31%左右的市场份额，并有逐年上升的势头。

多媒体带来了商机也带来了竞争，美国出版业与其他行业的竞争也日趋激烈，如何趋利避害是美国及其他国家现代出版业要共同面对的问题。

（二）英国出版业的发展历程

20世纪90年代，英国共有出版社2 400多家，其中每年出书100种以上的出版社有 340 多家，许多出版社集中在首都伦敦。主要的大型出版社有麦克米伦出版公司、布莱克维尔科学出版公司、哈勃考林斯出版集团、牛津大学出版社、剑桥大学出版社、企鹅出版集团等。英国年度出书逐年增长，且品种较为齐全。

1999 年英国图书的销售额为 38.9 亿美元，仅次于美国、德国、日本，是世界第四出版强国。1999 年图书出口销售额为 8.22 亿英镑，占整个图书销售额的 28%。从这个意义上说，英国是一个典型的图书"出口型"的出版强国。信息技术的广泛运用和出版集团化发展是英国出版业的两大发展动态。

1. 信息技术在出版业中被广泛运用

在英国，计算机和网络技术已广泛运用于出版的内部管理中，如编辑加工、信息收集、资料储存、成本核算、财务管理及库房保管等，出版业的管理更加科学高效。网上推销已成为英国出版业发展的新趋势。过去，英国许多学术方面的杂志由于印数少而无法出版。网络的出现为解决这一问题提供了可能性。据 1998 年统计，网上仅与医学相关的期刊就有 2 680 种，网上浏览英国医学杂志的人数在 1998 年就达到了 1 070 万。2000 年，英国的图书销售额是 33 亿英镑，其中网上销售占 6%。

2. 出版机构日趋集团化

为了适应社会和书业自身发展的需要，出版商试图通过一系列出版机构的改组、合并和版权转让提高出版效益，增加市场的销售量，使书业结构趋向合理化。事实上，一些大出版社经过合并后实力更雄厚，在国内外占有举足轻重的地位，能从战略上应对来自美国的挑战。哈勃·考林斯、里德·艾尔斯维尔、皮尔森和麦克米兰成为英国目前的四大出版集团公司，无论皮尔森还是麦克米兰，没有一家出版集团公司限于英国或限于图书市场，都是跨地区、跨行业、跨国家的联合集团公司，其实力与经济效益是不可低估的。

（三）日本出版业的发展历程

20 世纪 80 年代以来，日本出版业有如下特征：大量生产、大量宣传、大量销售、大量消费。出版业的信息化、寡头化促进了日本出版业的现代化，使其在世界出版业中占有重要的一席之地。在高度信息化的大背景下，编辑手段、物流格局、营销体系等都与传统出版迥然不同。

第一，编辑功能与信息化密切相适应。日本经济的高度增长导致了流通领域的革命，同时引发了编辑功能的变异。传统意义上的引领时代文化发展方向、着眼于文化创造的编辑渐渐消失，取而代之的是一些新潮的"编辑匠"。他们主动寻找作者、追随作者，以尽可能快的速度获得书稿，然后迅速审稿、校样、印刷……只要有引发人们兴趣的新奇的事件或人物，就能很快地在书店发现有关的出版物，显示其运作速度之快。因此，日本的出版很贴近时代潮流，在编辑和出版人对时代潮流反应敏感、行动快捷的背后，可以看出其强烈的市场意识。

第二，图书运作以多媒体互动构成多元宣传效应。信息化技术下的出版使与读者的对话成为可能。日本角川书店采取变革传统理念的多元化出版方式把出版的图书投资拍成电影，再把电影剧本改编成图书，利用所有媒体集中、连续地展开广告宣传，形成社会文化热点，最终促成图书的畅销。这种集文字、映像、声音于一体的出版理念使出版经营者得以引导外读者的文化意识。

第三，图书销售的情报化管理构成新型的市场体系。日本最大的出版社——讲谈社的"DC·POS体系"就是高度信息化的产物。该体系通过对书店图书销售卡的回收和读取，即时把握图书销售量，与书店进行双向信息交流，使书店获得更为合理的商品购入和供给，从而减少退货，扩大销售，实现库存合理化，以提高效率。日本的图书发行是通过法律制定的定价制和寄售制保证的，图书、杂志主要通过出版社—批发店—书店这样的渠道进行发行、销售。

（四）德国出版业的发展历程

德国虽然只有 8 000 多万人口，但以其高度发达的科学技术和独特的书业发展历史而成为世界出版大国，其各类出版机构超过 15 000 家，其中包括大量仅出一两种书的皮包公司，所以人们一般只把 3 000 家左右的出版机构视为正规出版社。大部分的出版社属于中小型，他们具有自己的特色，能很好地适应市场竞争。少数出版集团具有资金雄厚和多种经营的优势。

德国图书分三大类：精装、平装及袖珍版书。袖珍版书都是系列书。好书一般先出精装书，2 年后再出平装版及袖珍版书，通常持有精装书与平装书版权的出版社不是同一个，作者可将版权卖给不同的出版社。人们为了买到便宜的图书，常会等到推出平装书或袖珍版书时再去购买。在德国，销售量最大的还是袖珍版书。

德国的大型出版集团不仅出书、办报、办期刊、出版音像读物，有的还涉足新闻传媒的其他领域，甚至有的还经营房地产，借以增加收入、扩大影响，增强竞争实力。例如，施普林格出版集团每年出书约 1 500 多种，办有各种报纸期刊约 280 多种，其中《图片报》占德国报纸市场 1/5 的销售额，《周末世界报》和《周末图片报》居同类报纸销售额之首。贝塔斯曼出版集团除出版图书外，还拥有广播、电影、电视领域的企业。

德国的出版社几乎都是私营性质的，图书的生产和经营完全按照市场规律进行，其品种、结构和数量以满足市场的需求为准则。出版社的活动以市场为中心，经过多年的自由竞争和市场调节，德国出版业形成了符合自己国情的合理格局和一套规范的出版企业管理体制——社长（经理）负责制，并且建立了一套面向市场、策划开放、推销灵活、编辑与发行并重的运行机制。

第二节 国内外书籍设计对出版销售的影响

一、外在审美形式对出版销售的影响

（一）书籍的商品属性

书籍是商品这一性质一直被人们所回避，人们一直强调书籍的宣传性，书籍的文化性。书籍一直被定义为特殊的商品，用来区分书籍与其他商品的特殊之处。既然书籍被定义为商品，它就要受到价值规律的限制，受到市场机制的影响。马克思在他的经济学中反复论述了商品的二重性品格，即使用价值和价值。

使用价值是商品的自然属性。它的价值取决于社会必要劳动时间。使用价值是商品满足人们的某种需要的属性。对于消费者来说，商品的使用价值是有直接意义的，是与消费者最相关的，也是消费者最看中的部分。消费者购买书籍的目的就是为了得到书中的内容，他所关心的是此次的购买行为是否物美价廉，是否满足了其预期的期望。一本书的使用价值仁者见仁，智者见智，很难用统一的标准去衡量，如一套百科全书和一本畅销小说，其内容价值取决于读者的实际需求。书籍作为知识的载体，可以让更多的人通过学习掌握生存的本领，这种无形的价值才是其主要使用价值。

价值从字面理解是指一件商品中所蕴含的价值。马克思在《资本论》中，将商品价值认定为是凝结在商品中无差别的人类劳动。书籍商品的生产是非模式性的，它是一项复杂的脑力劳动，具有弹性和特殊性，所以很难计算它的劳动时间。书籍商品价格的形成受到许多因素影响，主要体现在以下两个方面：一是作者、编者的生产费用，包括作者、编者的劳动、设备成本、原材料、前期资料收集等；二是书籍商品在市场交换后预期的经济效益，书籍商品价值的特殊性由此产生。书籍商品的价值是社会属性，是商品的本质属性。书籍的价值不完全是根据市场流通、销售等角度确定的。书籍商品不以自然属性来满足人们的需求，而是以其载体中的文化知识、科学智慧、技艺工具等满足人们的需求。书籍的社会价值包

括人文价值，政治价值和经济价值、书籍是一种精神产品，书籍的内容对人们的思想活动有着直接或间接的影响，对营造良好的社会政治环境、民族文化精神、关注广大人民的生活等方面有着重要的现实意义。

书籍是特殊性商品，其特殊性体现在其销售过程中的一次性原则。读者在选购书籍时，即便是再好的书籍，一般也不会进行再次购买。一方面，书籍与其他人们生活所需商品不同，书籍不属于消耗品，通常人们在阅读完一本书后，书基本还是会保留原样，即便是图书馆里经常被人们借阅的书籍也不会轻易损坏，这就减少了人们对书籍的二次购买。另一方面，人们购买书籍后，如果内容满足读者的预期想象，读者会对书籍的作者或出版社留下较好的印象，为下次选择打下基础，但也很少会购买相同的书籍，即便是每个人成长过程中都需要的字典，也很少会有人有一本以上。相反如果书籍内容低于读者的预期，书籍会被读者弃置，就更不会发生二次购买的行为。所以无论好与坏，相同的书籍都很难发生多次购买现象，这就是书籍商品特殊性中的一次性。

书籍商品的特殊性还体现在其适用人群的唯一性上。人们购买书籍往往是有目的性的，有些是精神需求，有些是实用需求，有些是学习需求，等等。一碗米饭可以填饱老人的肚子，也可以填饱幼儿的肚子，但一本书很难做到满足所有人的需求。书籍适合的人群指定性很强，拿儿童类书籍来说，虽然都适用于儿童，但也有年龄之分，一本0—3岁的启蒙教育类书籍已经不会被小学生购买，幼儿的书籍不再适合少儿阅读，少儿的书籍也不再适合青年阅读。除了年龄上的区分，还有专业上的区分、兴趣上的区分、功能上的区分等，如一名工人所需的技能书籍不会被一名音乐家购买，一本航天书籍不会被一名喜欢昆虫的人购买，一套高考模拟题不会被小学生购买，等等。所以，无论再知名的作家、再畅销的书籍，都不会适合所有人群。

（二）书籍外在审美形式与商品价值的融合

1. 审美价值与商品市场之间的融合

（1）商品与审美之间的关系。商品与审美之间的关系是对立统一的关系。人们在选购商品时，对商品的评价中往往会添加一些对商品外观的评价，如这个商品造型美观、实用方便、款式新颖等。这些评语中透露出人们对商品的需求已经不是商品本身的物质属性，而是把商品对人的精神意义添加了进去。

在市场经济的推动下，一直被认为是高雅的书籍也在商业的大潮中改变了其原有的清新脱俗的面貌，已经渗透了商业气息。在当今商品市场中，"一看皮，二看名，三看内容"已经成为出版社行业中十分流行的语言。在现代商品市场中，人们总是对精美的书籍给予特别的青睐，对这类书籍的商业价值给予充分的肯定。尤其在价位相似的两个商品中，人们往往会选择具有更高审美的商品，审美可以为商品加分。商品市场提了书籍设计的地位，同时带动着书籍设计的流行趋势和方向。我们会发现一些卖得好的书籍都有较高的审美价值。

商品市场同时为书籍设计带来了商品化、利益化，使书籍丧失了其文化内涵。书店中的一些书籍封面充斥了浓浓的商业气息，各种营销广告语占据着封面的大部分位置，并且排版杂乱无章，破坏了书籍设计原有的美感，丧失了书籍的文化内涵，把书籍设计完完全全地当做了宣传广告，使书籍变成了低俗的街边商品，这无疑让艺术家和文人心痛。对于消费者来说，大部分消费者也是不会买账的，浓重的商品气息使书籍缺少文化内涵，这无疑是对作品的一种破坏行为。

（2）市场决定审美价值的体现。书籍设计的审美价值包括其艺术价值，其艺术价值是复杂多样的，市场对书籍的审美价值体现有着直接的影响。书籍设计作为物质生产过程的一个环节，要服从于商品市场机制，市场竞争是推动物质生产发展的必要因素。随着我国经济体制的健全发展，各行各业都面临着经济社会的残酷考验，书籍作为市场中销售的商品，经济利益越来越被摆放在首位，只有能为商家创造经济效益的书籍，如果才能被大量优质的生产，书籍的审美价值才能得以体现。相反，即使有再高审美价值的书籍不能满足商家的经济利益需求，也会被市场无情的淘汰，这是在当前社会下每个商家和出版社都要面临的问题。在整个社会大环境的影响下，书籍设计也不可避免地开始考虑经济效益提升的问题，商家追求经济利益一方面是为了企业的生存，另一方面是为了储备资源，提高企业的实力。在这种情况下设计师就必须平衡两者的关系，一方面要考虑到商品的经济利益，另一方面也要考虑到商品的审美价值。设计师如果单纯地为市场利益着想，便会影响其艺术的创作，舍弃一些优秀的创意或是添加一些符合利益潮流的东西，从而破坏了书籍设计的整体审美价值，使设计师变成了一个被利益驱动的傀儡。

市场影响书籍设计的审美价值体现，书籍设计的审美价值在很大程度上需要依靠对社会环境的了解和对市场需求的把握。现代书籍市场对畅销书籍的盲目跟风设计也是市场给书籍设计带来的错误影响。一些商家为了借畅销书籍的光环，一味地模仿其设计，从名称到图案到排版好像"双胞胎"一样，让读者难分真假。商家从短期的经济效益考虑，这么做确实会带来一些利益，但并非长久之策，一味跟风、简单复制的粗造滥制必然会导致资源的浪费和产品的滞销，很多书籍上架之后久久无人问津。设计师如果不思创新，千人一面，最终会导致整个书籍设计行业的衰败。除了"跟风"现象、"抄袭"现象，越来越多的书籍在文字处理和图片处理上混乱无序。这些设计摆在书架上让人尴尬不已，难登大雅之堂，最终只能沦落为街边地摊上的低俗刊物，毫无审美价值可言。

书籍设计的审美价值体现在提高社会效益上。书籍不同于其他商品，书籍的审美价值体现在书籍是人类的精神食粮。出版社单纯地为了经济上的利益增加而弱化了社会效益，必然会使不健康的、歪曲的社会观念通过书籍等形式传播到社会，造成社会观念紊乱。因为短期的经济利益而失去长期的社会效益，会使出版社失信于读者，在读者心目中的地位下降，最终会被读者抛弃。出版社应从长远利益出发，保证社会效益即是保证经济利益，重视人文建设，承担起社会责任、教化责任。

书籍设计的审美价值想要得以体现需要迎合市场的需求，但也不能完全被市场束缚，市场需求因人而异，影响市场导向的因素包括读者的自身文化、修养和品德等，这些差异导致人们对书籍设计的审美有着不同的需求，设计师不能盲目地迎合，要正确地分析，合理地引导。设计师也应该提高自身审美修养，在混沌的商品市场中擦亮双眼。责任编辑也要切实负起责任，加强审稿力度，减少因审稿不利而造成的负面效益。读者也要提高自身的辨别能力，读者对书籍有选择权，抵制低劣书籍是每一个读者享有的权利与义务。低俗伪劣的书籍没有人去购买就会从源头上抑制其生产，对营造健康的社会风气有决定性的作用，同时使具有审美价值的书籍有一个良好的销售环境。

（3）受众的审美取向对书籍设计的影响。大众对书籍设计的态度有两种，一种为接受，另一种为不接受，这取决于大众的审美观。被大众所喜爱、所接受的书籍设计往往在销售上有喜人的成绩。相反，大众不接受的书籍设计则销售冷淡。大众对书籍设计的审美取向受多种因素影响，人们购买商品取决于商品的使用价值。影响大众审美取向的因素有很多，如外在因素包括商品的价格、商品的质量、商品的款式、当下的潮流等；内在因素包括消费者的年龄、阅历、文化程度、个人喜好等；社会因素包括生产力发展水平、国民收入增长中积累和消费分配比例的变动、国家管控等。这些因素都影响着大众的审美取向。

书籍设计受到消费大众的影响。不同的读者对书籍设计的审美有着不同的要求，大众的审美取向受其自身因素的影响，如年龄上的不同决定了文化程度和人生经历不同，对书籍的审美欣赏能力也就不同。地域差异也形成了大众之间不同的地域性格和审美特征，这些都会体现在对书籍的选择上和审美欣赏上的不同。不同的文化层次对审美的喜好更是有着巨大的差异。所以，书籍设计要适应大众消费人群，就要根据不同的消费群体做出具有不同审美风格的设计作品，以满足广大消费者的需求。书籍设计要研究市场，更要研究消费者的审美取向。消费者往往有自身的购买习惯，这是由其固定的审美取向和长期的购买行为、购买经验总结下来的。习惯的养成直接影响了今后的购买行为，一旦习惯养成，读者在今后的消费过程中就会表现出其个人偏好。

书籍设计要分析不同书籍的购买人群，把握读者的需求和审美能力。经济的发展决定了消费的多元化，读者在很多方面都存在差异，这就产生了对审美的不同需求和经济能力带来的购买力差异。首先，书籍设计要按照年龄区分，不同年龄段对审美的认知是不同的，幼儿觉得憨态喜感的卡通形象美，喜好强烈的色彩；青年读者的喜好容易随当下流行发生改变，设计师就要紧跟当下流行元素；中年群体为社会劳动经济支柱，喜好大都相对成熟，以沉稳大气为主；老年群体喜好传统古典之美。其次，书籍设计要按经济能力区分，社会主要购买力为青年读者和中年读者，所以在书籍价格的定位上可做适当调整。最后，书籍设计要按书籍内容区分，小说类、工具类、教辅类、故事类书籍由于收藏价值小，更新淘汰快，所以在价格定位上应相对便宜，在书籍设计上以简装为主，以量取胜；传记类、百科类、名人古籍类书籍具有较高的收藏价值，具有反复阅读性的书籍在价格定位上相对较高，在书籍设计上以精装为主。

（4）审美属性与商品价值的统一。书籍作为特殊商品具有双重属性，即商品属性和审美属性。书籍的商品属性是实现其审美属性的前提，书籍的双重属性不同于其他的一般商品。

书籍的审美价值与商品价值相互统一是书籍设计的最理想的状态。在商品市场中，审美价值越高的书籍，其商业价值也就越高，自然会受商品市场的青睐。作者、设计师、消费者和商家都得到了各自的需求。对于作者和设计师而言，书籍的审美价值得以实现；对于商家而言，书籍的利益价值得以实现；对于消费者而言，是一种价值的双实现。

书籍的审美价值与商品价值统一，市场中一些粗制滥造的书籍也就没有了商业价值，自然也就失去了消费市场，书籍市场得以净化。书籍的审美价值有助于提高商品的价值，从而使商品在市场中更有竞争力。书籍的商品价值又是审美价值利益化的体现，两者相互统一，是书籍商品最理想的状态。

2.书籍设计的商品价值观

（1）书籍自身的审美属性。在其书籍自身的审美属性体现文化品位，通过书籍中的内容展现出来，书籍自身的审美属性又可称为书卷气，书卷气是书籍中透出的文化气息。书籍自问世起，一直都是作为文化知识的传播者。书籍作为表达思想、传播知识、陶冶情操、娱乐大众心灵的工具，外在的设计不能脱离书籍自身的内容和其文化特征。书籍中的文化特征是区别于其他艺术形式的重要特点，书籍不仅是追求某种功利性的主观表现，如在商业市场中单纯的利益价值，它还是具有文化知识的综合体。书籍的"书卷气"的审美属性通过书籍的内在表现出来，是一种精神文化体现，不同于物质文化消费。书籍作为人类文明的重要载体，对人类的观念形成以及整体社会精神健康体系有着一定程度的影响。

（2）建立在商品基础上的审美追求。人们在购买商品时，决定人们的购买行为发生的是其使用价值。但是，在购买商品前，人们不能通过摆放在市场中的商品判断其使用价值。那么人们是通过什么判断的？首先，参考商品的介绍与商家的宣传；其次，通过其他用户的购买经验和评价。但这些都是间接因素，直接因素是消费者自身对商品的判断和商品给人的直观感受。这种直观感受是由商品外在的审美获得的。建立在商品基础上的审美追求应该充分展示出商品的使用价值和意义。商品的外在美是其使用价值得以实现的前提。

商品美是用审美的方式对商品使用价值的展示，这就需要设计师在设计商品的时候考虑到商品的受众。书籍商品有着明显的受众群体分化，所以在其商品的审美追求上也要分清受众点。商品的审美追求对商品的市场竞争有着提高的作用，这是因为一方面通过使用价值的展现，人们对商品的功能有了一个直观的了解，从而吸引消费者，激发其购买欲望。另一方面，商品的审美追求反映了商品的实用性和审美的统一，消费者在使用过程中还满足了自身的精神需求。商品的审美追求随着人们物质水平的增长和文化水平的提高日益突出。

（3）超越于商品的书籍设计。书籍设计提高了商品的附加值。书籍设计可以增加商品的附加价值，从经济学角度而言，附加价值就是新的价值，是在原有的价值基础上，通过有效劳动力创造出的，它附加在产品的原有价值上，是一种新的价值体现。它是由销售金额中扣除各项成本费用之后的剩余费用及其利息、税金和利润等组成的。对于商业而言，它是一种经济附加价值，是最主要的也是最实际的附加价值。除此之外，书籍设计也是一种商业推销手段、一种文化推销和商品推销，最终是为了赚取利润。在书籍设计中可以增加商品文化的宣传，设计即是一种包装，商家可以在设计中添加自身理念。商品文化是商家的一种推销理念，它可以通过书籍设计这种途径传达给消费者。

书籍设计可以提升商品利益的附加价值。每一种类的书籍都有其特定的购买人群，这就很难增加销售量，如何开发潜在客户，这就需要在书籍设计上花一番力气。因为喜欢某一个设计，人们可能会购买同系列的其他设计作品，或是因为喜欢某一位设计师而购买其作品，这些都可以提高书籍的销量。人们在购买书籍时，不一定都是为了自身的消费，也可能是以礼物的形式馈赠他人，收到书籍的人可能被书籍的内容吸引，也可能被书籍的设计吸引，更有可能是两者齐力俘获了读者，让他对此类商品产生兴趣，促使其自主购买，产生新的购买客户。

书籍设计可以提升商品的品牌形象价值。品牌形象是企业或品牌在市场中的良好评价，是在公众心中的良好表现，是公众特别是消费者对一个企业或品牌的认知和好评。好的设计也是一种品牌宣传，某个出版社出版的书籍在市场上畅销，得到人们的信赖与大众的认知，便会产生对其出品的其他商品的再次购买。这种联想使品牌形象与众多实物联系起来，驱动形象的建立与发展。斯兹提出，品牌应该像人一样具有个性形象。科勒认为，品牌联想是顾客与品牌的长期接触形成的，它们反映了顾客对品牌的认知、态度和情感，同时预示着顾客或潜在顾客未来的行为倾向。

书籍设计还可以提高商品的文化价值。商品文化是人类在设计、生产、经营和消费商品的实践活动中创造的，它可以狭义地理解为是一种文化现象，是商品在设计、生产、流通和消费过程中产生的。书籍商品在市场中流通，除了具有商品属性外，还具有文化属性。商品的文化价值是商品中所蕴含的人文价值，主要包括三方面：一是对消费者在消费过程中情感诉求的人性关切；二是对消费者在消费过程中审美趣味艺术满足；三是对消费者在消费过程中的风险绕让道德承诺。书籍的文化价值是一种观念、一种精神、一种哲学，它随着商品的交换而让渡给消费者。随着市场中同类商品的增多，消费者越来越要求商品既经济又实用，既美观又多功能，人们开始重视商品本属性之外的附加属性。书籍设计给书籍带来了革命性的变化，通过设计发掘商品更深层次的文化价值。

设计赋予书籍更高的价值。书籍设计赋予书籍艺术价值，当读者翻阅书籍时，接收着书中的文字和图片传递出的信息，那是设计师为读者精心打造的。设计师把自己对书籍内容的理解，利用艺术形式表达在书籍设计中，从而感染读者。读者无论是欣赏封面还是翻阅书中内容，都能被设计师营造的阅读氛围所包围，感受到艺术气息，并沉浸之中。设计师利用自身的艺术修养和生活经验，把情感和理性思维融入书籍设计其中，实现书籍的形态美，即达到书籍设计的外在形式和内在意蕴美结合的整体美。意蕴美是艺术作品中一种美的表现，它高于其他审美形式，是一种较高层次的美，书籍设计的意蕴美是书籍设计作品"形而上"的神韵之美，是需要有一定的艺术修养才能体会的高级审美。书籍设计的意蕴美是"无形"的，是一种"言有尽而意无穷"的遐想意味，但是这种情感又是建立在"有形"的基础上，是设计者的一种高级"设计"手法，是在客观媒介上的一种主观情感注入。黑格尔说："意蕴总是比直接显现的形象更为深远的一种东西。艺术作品应该具有意蕴。"书籍设计的意蕴隐藏在设计艺术形式和内容之间，它是一种文化内涵的体现。艺术创作反映了不同时代、不同民族和不同国家的物质文化与精神文化状态。在书籍设计中能反映艺术与哲学的关系、艺术与社会的关系和艺术与科技的关系。读者想要体会书籍设计中的意蕴美也需要有一定的审美能力，否则是感受不到的。

中国设计的意蕴美格外深厚，这是由上下五千年的历史沉淀来的。中国的文字本身就是一种象形文字，它既是一个独立的字，又可是一幅画，可组合理解，也可拆开分解。中国古代书籍设计被形容有"书卷气"，"书卷气"是一种形容内涵高雅的气质和风度，是一种较高文化素养的表现。"书卷气"是书籍设计的内在气质美感，它不同于西方设计中追求的强烈视觉冲击力，中国传统的书籍设计完全是靠设计师对书籍的理解与感悟，所以"书卷气"是中国书籍设计专有的意蕴之美。

（三）书籍外在审美形式对出版销售的影响

书籍设计艺术作为一种实用艺术，不仅要确保书籍的良好功能，还要有美观的外观设计和合理的价格定位。只有满足各类消费者的需求，才能在商品市场中取得成功。书籍设计艺术想要取得长足的发展就要先适应市场竞争，适应消费者，商家要满足消费者的各种需求，消费者不是一个单一的个体，而是一个群体，书籍设计要满足的是大众需求而不是某个人的单一需求。消费者的消费观念、个人素质、文化修养等各有不同。满足大众消费者的需求最终目的是为了得到利益的提升，不适应商品市场的商品终将会被市场淘汰。

按照传统的消费理念解读书籍消费的概念，一般就是指读者对书籍内容的阅读消费。但是，随着书籍市场化的发展以及电子书、网络、图像对纸质书籍的冲击，书籍消费不再局限于对书籍内容的阅读消费，特别是对于纸质书籍的消费。因此，对于当下的纸质书籍消费来说，书籍的装帧设计是影响消费者购买消费的重要一环。

通过对书店的实际调查，著者发现，进入书店后，从摆在书架上那些琳琅满目的图书翻阅情况发现，那些装帧设计精美考究、色彩艳丽醒目的图书更容易引起读者的翻阅兴趣，无论其是否购买，从这一翻阅的行为看，现代纸质书籍的装帧设计对读者的购买心理起着重要的作用。精美的装帧设计使翻阅者得到了很大的审美愉悦，同时激发出他们强烈的购买欲望。

由此可见，图书的装帧设计从封面、版式、开本、印刷质量到个性化的艺术风格、表现形式，都会影响读者的购买心理。下面，著者将从三个方面具体分析图书装帧设计风格对出版销售的影响。

1. 多元化、个性化装帧设计风格对出版销售的影响

现代图书市场中，多元化的装帧设计风格可以从不同层面满足消费者的消费

诉求。通过前面对消费者的消费心理诉求的分析，现代图书装帧设计市场，针对不同的消费群体有着多样化的装帧设计风格，以便从不同的角度满足消费者对图书的消费心理。

现代的图书装帧设计理念早已超越了以前的传统设计工艺，以更加个性化的设计装帧理念做出自己的图书设计方案。从印刷工艺到书籍的材质，都讲究个性化，如在印刷过程中对图像基调、网点准确的强调，使印刷出来的书籍更加精美考究，从而给消费者带来更大的审美愉悦心理，以此促进其购买行为；对书籍材质的重视、对其手感触觉的关注、对纸张的色彩、纹理等视觉效果的讲究满足了很大一部分有购买能力的消费者的消费欲望。

而图书装帧设计类型多样化、个性化的出现更是极大程度地调动了消费者的购买欲求。例如，版本装帧设计上的精装本与简装本、豪华版与袖珍版等，从不同角度满足消费者的消费心理。而翻开书后，展示在读者面前的不同字号、不同字体的精巧构图与创意性的个性设计更是极大地满足了消费者的感官享受，激发了消费者的购买欲望。人们物质文化生活品质的提升促使他们对生活的品位有着更高的追求，而这些书籍中的指引能够满足其对消费的期待心理。因此，这就要求图书市场从内容设计到装帧细节的方方面面，都应该多样化，而不同类型的书籍装帧设计又应该突出其个性化的特征，只有这样才能涵盖不同消费群体的心理消费诉求。

2. 审美最大化装帧设计风格对出版销售的影响

对于美的追求，无论在什么样的境况下都不会改变，图书装帧设计更是存在审美最大化的诉求。在现代的书籍装帧设计中，只有实现了审美最大化，才能更好地契合当下消费者五花八门的对美的追求与享受，从而激发他们的购买欲望。

因此，书籍装帧设计的审美性最大化诉求很好地满足了消费者的审美性心理诉求，这种消费性愉悦的满足超越了物质性的层面，是一种精神、心理层面的愉悦，消费者在这种愉悦的消费中通过阅读书籍可以感受生命存在的价值与意义。也可以这样说，消费者在这种愉悦的审美消费中，抵达了一种较为本质的、高雅的文明消费境界。因此，现代书籍装帧设计的审美性，如一些精美的包装，巧妙的构图设计，或者是简洁明快、富有创意性的设计从不同的程度满足了消费者视觉的享受与心理的渴望，从而能够有效地促进消费者冲动性购买，以达到最终书籍销售的目的。

3. 色彩基调装帧设计对出版销售的影响

图书装帧设计中的色彩具有视觉传达的功能，对消费者在消费过程中的信息传达、感知以及最终的购买决策都有着很大的影响。在书籍的装帧设计中，色彩具有"先声夺人"的作用，通过对消费者的视觉刺激达到对消费者心理、生理产生强大的冲击作用的目的。

马克思认为："色彩的感觉是一般美感中最大众化的形式。"一方面是说，色彩感是能够让大众感受到的愉悦的审美形式；另一方面是说，人类的色彩感是人类感官中最原始也最具现代性的本质感觉形式。色彩在人类群体与个性、历史与时代、空间与时间的融合上，是最容易让人接受的一种感官方式。因此，书籍装帧设计对色彩的运用与强调，对消费者的购买消费心理有着很大的影响。例如，红色基调容易使人产生兴奋的情绪，蓝色基调则易给人以沉着、冷静的感觉。所以，图书装帧设计师在设计图书的装帧方案时，应该充分注意色彩造成的心理差异，有的色调使人一看就过目不忘，而有的色调则会让人熟视无睹。因此，设计师在进行书籍的装帧设计时，要根据创作主题尽量使自己设计的作品能够以强烈的色彩对比、抢眼的色彩搭配对消费者产生鲜明的视觉冲击力，从而引起消费者的关注，刺激其购买的欲望，以此达到最终的销售目的。

（四）书籍设计应该服务于书籍的商品属性

1. 设计服从于书籍功能

书籍设计是设计书籍的外在形式，但形式应服从功能，书籍的功能是书籍中的内容，所以书籍设计要为书籍内容服务。书籍设计要做到形式与内容的统一。书籍设计要把握整体设计与书籍内容一致的原则。审看封面，要先看设计与书籍的内容是否一致。各类书籍内容之间有着很大的区别，所以在书籍设计上也要根据不同种类书籍的特点进行个性化的设计。比如，政治类书籍在设计上要庄重、简洁、大方，体现书籍的权威性与严肃性；现代小说书籍在设计上要追随现代流行元素，大胆运用色彩和图案制造视觉冲击力，体现书籍的现代性；古典小说书籍在设计上要温婉典雅，颜色上要柔和素雅，体现书籍的古韵古风；散文诗歌书籍在设计上要浪漫、抒情，颜色上要柔美、饱和，体现书籍的浪漫情怀；传记文学书籍在设计上要沉着稳重，颜色上要多使用调和颜色，给人一种浑厚感，体现书籍的历史感；科学读物在设计上要新颖有科技感，颜色上可根据科学的不同种类使用其相近色，体现书籍的神秘感与前卫性。

2. 功能第一，形式第二

形式是外在的形象，是可以被感知的，是在保证事物有用的前提下，给事物添加的美的外部形式。设计的形式是设计的内容存在方式，是内容的一种物化体现。书籍设计的整体形态就是书籍的"形式"美，其中包括开本设计的形式感、精装形式感、书籍函套的形式感等。不同时期的书籍设计有着不同的外在形态美，书籍设计是先对书籍的外在形态进行设计，是外在形态的意味塑造。同时，书籍设计的形式不仅表现在平面上，还表现在书籍的整体形态上，所以书籍的形式美应该在书籍的立体的、多侧面、多层次的、动态的空间中展现。

书籍与人之间是一个互动的关系，从人们第一次拿起书籍开始，这种互动关系便开始发生。人的眼睛打量着书籍的外在设计，这便是第一次书籍与人之间的互动。当人们拿起书籍，第二次互动便产生了，书籍的质感、重量、材质都通过触觉和人进行了互动。第三次便是人们翻阅书籍时，书籍的内页发生了角度的改变，从而产生了动画，使原本平面的纸张立体化了。书籍在翻动时，不同材质的纸张还会产生不同的声音，通过听觉传递到人们的耳朵中，与人进行互动交流。书籍设计的形式看似简单，但处处都是围绕着书籍的功能展开的，大到书籍的形式、材质、技术，小到书籍的字体、图案、颜色，都是围绕书中的内容展开，为书籍的功能服务的。

在现代书籍市场中，书籍设计的地位不断提高。商家对书籍设计也变得越来越重视，这是因为人们已经知道想得到更高的商品价值，就要通过设计美化书籍的外形、完善书籍的结构、扩展书籍的用途，从而提升商品的销量，获得更高的经济利益。书籍设计已经变成了书籍商品的一种重要的营销手段，它通过提高书籍的艺术价值得到更高的经济价值。

二、内在审美形式对出版销售的影响

纵观近几年"世界最美的书"和"中国最美的书"的获奖作品，我们不难发现，有的书籍已经不仅是一件商品，还是一件可以久存的艺术品，起到为生活增添美感的作用。在这些"最美的书"里，有的内敛、有的外在张扬、有的隽远悠长、有的时尚古怪……呈现出千姿百态的文化气质，构筑了书籍的内在审美形式。从我国图书市场行为反馈回来的信息看，打造本土化民族化、文化气质的书籍取得了不俗的市场表现，而本土化、民族化文化气质主要是从文字、图像、色彩和材料等四个方面构筑的。因此，应遵循设计主体的需要，从视觉传达的形式规律出发以及具有民族文化意蕴的汉字体系、图形图像、色彩体系和材料工艺等形式语汇，运用科学的思考方式，围绕作品内涵的深化和读者阅读的愉悦这两个目标的实现，打造书籍设计中民族化的外在面貌和内在意韵。

（一）古风俊逸的汉字元素运用

书籍设计过程中对字体、字号的巧妙运用，对字距、行距的细微调整，对版式横排、竖排的组合变化，都为文字在静态的页面舞台上注入了鲜活的生命力，从而在读者不断的翻阅中产生一种气韵的流动。通过对字体、字号的宏观把握和微观处理赋予书籍以活力，从而把文字信息更加生动地、灵性地传达给受众。

在中国文字中，各个历史时期形成的各种字体有着各自鲜明的艺术特征，如宋体古朴典雅；隶书静中有动，富有装饰性；草书风驰电掣、结构紧凑；楷书工整秀丽；行书易识好写，实用性强，且风格多样，个性各异。字体的演变是从象形的图画到线条的符号、适应毛笔书写的笔画以及便于雕刻的印刷字体，它的演进历史为书籍设计的字体使用提供了丰富的灵感。只有对汉字的性格有了较为充分的了解，才能精确地把不同的字体应用到不同的设计任务中，强调其个性，使该字体成为增强书籍民族化内涵的有力工具。

书籍设计要根据主题将文字、图像、材料、色彩等形式语汇进行有机组合。作为书籍中具有最大发挥潜力的视觉设计元素，文字对图书信息传达效果具有举足轻重的作用。相同的文本内容采用不同字体来表现，给予读者的感受就会不同；即使是同样的字体，因其外形或长或扁，或大或小，给人的印象也会不同。所以，文字具有传达内容和感受意念的双重作用，而不只是对文本信息的简单承载或表达。

书籍不但要达到精神沟通的目的，而且需要创造新的视觉理念，提高大众的生活质量，改变和引导大众的生活方式。随着时代经济的发展，装帧设计的应用形式、传播媒介、使用价值、服务对象、创作方法等有了更多层次的拓展，文字和版式设计也将呈现更为广阔的发展空间。

（二）内涵丰富的民族图像

书籍艺术与图形图像的结合源于书籍的产生。中国上古"结绳契刻"应算得上是最早的书，它以图形的形式传达原始的信息。清叶德辉在《书林清话》中曾说："古人以图书并称，凡有书必有图。"这从一方面说明了书籍和图像息息相关。在读图时代，书籍与书籍艺术中的图形因素无疑成为与文字表达同等重要的沟通利器。

在书籍设计中，把一切文字以外的图形、图像和符号统称为图像信息。图像可以分为手绘制作、摄影图片和图形图表三大类。手绘制作的各种图像带有分量十足的手工制作味道，显得淳朴动人，清新自然，能满足现代人对自然向往的心理需求。而摄影图片更多是记录自然，真实再现世间万物，没有进行提炼和抽象，读者可能对之似曾相识。因此，摄影图像信息更多是如实地记录自然世界。而图形、图表虽然是以直接形象出现，但明显图是经过了系统抽象提炼、高度概括后的直观显示和视觉表达，如杉浦康平的《世界四大料理图》的图例具有很高的科学性和系统性。

在书籍设计中，图像语言的使用是极其重要的表现手段。中国民间美术中的年画、剪纸、皮影、刺绣、染织、蓝印花布、脸谱、面具、风筝、泥玩、雕刻等，为书籍设计提供了海量的图像资源。更可贵的是，中国民间美术的造型方式十分独特，如概括、简化、夸张、变形，还有高纯度的色彩、强烈对比、大胆的想象、形象的变幻等。这与现代创意具有许多相通之处，为现代书籍设计提供了思维的、方法的和具体操作层面上的参照系统。

作为一个拥有五千年历史文化的文明古国，在不断强调民族化设计语言的当下，必须以创造出适合市场需要、受到公众青睐又具有本土文化特色的文化产品为目标，满足广大人民群众日益增长的物质、文化需要。比如，带有民间美术元素的福娃形象就是民族化图像的成功之作。书籍设计人员要牢固地建立对本民族文化的自信，增强对本土视觉图像资源的研究开发和合理运用，挖掘中华民族本土艺术的生命魅力、思想内容和超越时代的审美价值，将之与现代书籍设计理念和现代技术手段相融会。与此同时，随着对传统文化的认识和理解，中国当代书籍设计，尤其是高品位书籍，很多都运用了民族图像语言。民族性图像或纯正质朴、神秘狞厉，或雍容大度、典雅秀丽，是非常值得现代书籍设计借鉴的表现语言。从传统器物、纹样、服饰和民间美术中提取的图像或根据某一因素演化、设计出的图形语言，其装饰效果最能出神入化。巧妙、合理的运用对烘托书籍的文化气氛，增强书籍的书卷之气，表达内容主题以及弘扬民族艺术都有极大的帮助。比如，赵健的《曹雪芹风筝艺术》（北京工艺美术出版社）有效地使用了民间美术的语汇或元素，很好地实现了现代设计和本土民间美术的艺术语言之间的互动、互通和互融，在现代性和本土化两个方面都达到了一定的高度，因而取得了成功。

（三）与众不同的地域色彩

色彩是书籍设计中极为活跃的表现语言，也是书籍刺激读者、劝服读者的手段之一。刘勰在《文心雕龙·物色篇》中说："物色之动，心亦摇焉。"由于不同的色彩带来不同的观感，不同的观感又造成了不同的心理体验，因此不同的色彩就具备了不同的表情性格。

一般来说，红色除有着热情、活泼、热闹、革命、温暖的含义外，更有着幸福、吉祥等传统象征意义。由于红色最容易引起读者注意，所以在书籍色彩中也被广泛运用，除了具有较佳的明视效果之外，红色还被用来传达有活力、积极、热诚、喜庆等意义与精神。另外，红色和黄色常作为吉庆或庆典的主色调，人们在一些书籍或出版物上看到红色和亮黄色的搭配时，必仔细看内容。民间的"红配黄，亮堂堂"说的就是这个理。

橙色表示着光明、华丽、兴奋、甜蜜和快乐。橙色明视度高，本来主要在工业安全用色中出现，如作为警示色，常见于火车头、登山服装、背包和救生衣等。但是，橙色非常明亮、刺眼，也有负面的、低俗张扬的意象，这种状况尤其容易发生在材质粗糙的书籍上。所以，在运用橙色时，应注意选择搭配的色彩和表现方式，同时应注意选择能更好还原色彩的材质，这样才能充分展示橙色明亮活泼、具有动感的特性。

黄色则有明朗、愉快、高贵、希望、发展、注意的特征。黄色明视度高，在中国传统用色习惯中，黄色象征着贵族。黄色在现代常用来警告危险或提醒注意，如交通号志上的黄灯、工程用的大型机器等都使用黄色，饱含着人性关怀的用意。

绿色是新鲜、平静、安逸、和平、柔和、青春、安全、理想的较好代名词。在商业设计中，绿色所传达的清爽、理想、希望、生长的意象，符合服务业、卫生保健业的诉求。在工厂中为了避免操作时眼睛疲劳，许多工作的机械也是采用绿色设计。一般的医疗机构场所也常采用绿色标示医疗用品。

蓝色是深远、永恒、沉静、理智、诚实、寒冷的较好代名词。由于蓝色沉稳的特性，其具有理智、准确的意象，因此在商业设计中强调科技、效率的商品或企业形象时，大多选用蓝色当标准色、企业色，如电脑、汽车、影印机、摄影器材等。另外，蓝色也代表忧郁，这是受了西方文化的影响，这个意象也运用于文学作品或感性诉求的书籍设计中。

最普遍的白色含义很广，具有纯洁、纯真、朴素、神圣、明快、柔弱、虚无等象征意蕴。在书籍设计中，白色具有高级、科技的意象，通常需和其他色彩搭配使用，纯白色会带给别人寒冷、严峻的感觉，所以在使用白色时，都会掺一些其他的色彩，如象牙白、米白、乳白、苹果白。在生活用品、服饰用色和出版物上，白色是永远流行的主要色，可以和任何颜色搭配。

黑色则象征着崇高、严肃、刚健、坚实、粗犷、沉默、黑暗、罪恶、恐怖、绝望、死亡等。在商业案例中，黑色具有高贵、稳重、科技的意象，许多科技产品的用色，如电视、跑车、摄影机、音响、仪器的色彩大多采用黑色。在其他方面，黑色庄严的意象也常用在一些特殊场合的空间设计中，如生活用品和书籍设计大多利用黑色塑造高贵的形象，也是一种永远流行的主要颜色，适合和许多色彩搭配。

褐色与土黄色相近，有着原始和自然的象征意义。在商业案例中，褐色通常用来表现原始材料的质感，如麻、木材、竹片、软木等，或用来传达某些饮品、原料的色泽及味感，如咖啡、茶、麦类等，或强调格调经典优雅的企业或商品形象。褐色结合传统书籍形态的运用，在书籍设计中极为普遍。

虽然色彩的象征含义有普遍的认同，但在不同的区域、不同民族还是有明显差异的。从书籍设计领域看，要重视传统民族色彩的解构和融会，将本土传统文化和现代色彩构成理念融会起来，借鉴民族色彩中的精华，丰富本土特色的书籍语言表现手段，以服务于现代书籍设计。通过观察传统的色彩和色彩搭配认识中国传统色彩的审美规律，唤起读者对色彩的地域特色的感知。比如，在中国传统色彩文化中，我们的祖先很早就提出了中国"原色"——"五行五色"之说，形成了中华民族独有的色彩原色观念，即黑、白、红、青、黄，有所谓"色不过五，五色之变，不可胜观也"。中国传统色彩典范，如建筑彩画、宗教壁画、民间年画以及中国服饰、京剧脸谱等都是今天书籍设计取之不竭、用之不尽的源泉，能给我们许多的启迪。这些典范凝聚着中华民族对色彩规律研究的智慧与经验，是我们学习民族风格的极好途径。

现代书籍设计的色彩表现结构可以借鉴民族化赋色手法，这样设计师就能够更精微地、更有组织地运用民族化的色彩语言表达更细致、更具体的图书主题，充分调动读者的视觉注意和购买欲望。

（四）意蕴悠远的书籍材料与工艺

意蕴悠远的书籍材料不但可以将我们从外在的、物化的现象世界带到图书主题要表达的深邃的本质世界，而且使我们从经验感受走向理念体悟，更深刻地理解抽象的思想。不同的材料对应着不同象征性的图示、符号和色彩结构，只有理解不同材料的表情性格，才有可能形成书籍形态的意味和气氛，给读者营造最大的联想或想象空间。具有民族特色的材料结合主题表现需要而运用于书籍设计，就具有了某种本土化语言的表现特征。因此，有地方特点的材料表现和工艺制作是书籍设计民族化风格的重要表现语言之一。

我国书籍材料从竹简、木简、绢帛到纸张，从古法制作到融入现代技术的新材质，书籍材料类型由单一走向多样，材质语言也从民族化走向国际化。材质会直接影响书籍的视觉效果以及书籍艺术氛围的传达。同时，材料可以产生书籍内容以外的感受和联想，使书籍具有视、听、闻、触、味五感功能。触觉的柔软或坚挺、视觉的亮丽或素雅等都将传达出多种读者阅读体验。所以，根据书籍内容选择适当的材料就成为我们在书籍设计过程中需要全面考虑的问题。

当然，材料的应用总是和技术工艺紧密结合在一起的。印刷术的出现使书籍成为信息传播的重要媒介，科学发展和技术的支持则带来了书籍形态的不断丰富。高精细、高精度的印刷工艺技术保证能更大程度地实现书籍设计的创意。反过来看，书籍设计只是刚刚绘制好的"施工蓝图"，要完成一本真正的书，必须通过材料语言的选择运用和印刷工艺实现。材料材质不同、印刷方式不同、操作方法不同，成品的效果也就各不一样。

随着新材料和新技术的兴起，装订方式作为书籍结构的表现，在书籍设计的舞台上担任着重要角色。装订是书籍从单页到成型的整合过程，包括将印刷成的书页按照先后顺序进行整理、连接、缝合、包背、上封面等加工程序。通过装订形成平整的立体形态，使书籍牢固、美观、易于阅读、便于携带与保存。我们应该根据书籍内容的特点采用相应的装订方式。从传统的四眼订、六眼订、八眼订到现代的胶装、骑马订等，再到民族样式的锁线装订，装订方式固然反映出不同时代的技术发展水平，自材料和工艺所带来的语言意蕴才是深化图书主题的关键。

第四章　书籍设计艺术的文化特性与审美特征

第一节　书籍设计艺术中的文化特性

文化是一个内容十分丰富的概念，是指人类在社会历史发展过程中所创造的物质财富和精神财富的总和，也特指人类多创造的精神财富，如文学、艺术等。人类的任何物质活动、精神活动不可避免地受到文化传统、人文背景、社会环境的影响。设计是一种文化，必然受到文化的影响。同时，设计的成果都将反作用于文化，成为文化的历史积淀的一部分，并由此流传下去。书籍设计艺术也不例外，和其他艺术一样，也明显地受到文化的影响，任何时代的书籍设计艺术都是与当时的文化紧密联系在一起的。

书籍起着交流思想感情、传播知识经验、积累文化的重要作用，是一种特定的不断发展着的传播工具，并且已经形成一种独立的文化观念形态。作为一种"知性"的象征，书籍这种产品本身的文化特性决定了书籍设计的文化特性。衣、食、住、行方面的商品为人们提供的主要是物质享用，而书籍给予人的是精神熏陶，使人们在阅读、理解与想象中获得智慧和情感的抚慰。书籍设计因其独特的设计内容而成为与一般设计不同的设计门类。书籍作为文化的载体，其本身就承载着文化，就要求书籍设计应该能够较好地传达书籍的内涵，与其文化精神相吻合。书作为一个整体，书稿内容当然是最重要的文化主体，所以我们可以称之为第一文化主体，而书籍设计是依附书而存在的，则理所当然的可以称为第二文化主体。

古人云："皮之不存，毛将焉附。"没有书籍的存在，也就没有了书籍设计艺术。因此，以书籍形态为载体的书籍设计艺术中也蕴涵着深厚的文化，有着其自身特有的文化内涵和形式特征。

书籍设计的发展根植于书籍的文化属性，是最能体现人文精神的艺术形式之一。进入 20 世纪之后，随着现代工业化的大量生产，涌现了众多设计理念和设计流派，书籍设计艺术获得了飞速的发展，呈现出一派"百家争鸣"的繁荣格局。著者认为，通过分析书籍设计艺术在历史进程中所展现的文化现象，分析书籍设计艺术在宗教、社会、科学、人文等各个层面的内在潜能，有助于我们寻找哲学理论的切入点。

一、书籍设计艺术与宗教

大量具体而丰富的事实材料表明，远古时代的艺术与宗教以相互渗透的姿态展现人类的知觉和经验模式。宗教赋予各种艺术以丰盈的生命活力，艺术则努力唤起人们的道德情感和审美情感，并以此证明与阐扬宗教的真理性。艺术与宗教的关系正如黑格尔在其论著《美学》中所指出的那样："意识的感性形式对于人类是最早的，所以较早阶段的宗教是一种艺术及其感性表现的宗教。"❶作为孕育艺术的母体和土壤，宗教直接与艺术创作产生联系，是艺术得以发展的无可争辩的推动力量。

书籍作为记录人类文化最直接的工具，与宗教的关系最为密切，早期书籍的装帧形式受宗教的影响尤深。中世纪时各种羊皮纸手抄本的《圣经》和其他福音著作是当时文化的集中体现，这些手抄本装帧精美，大量使用与文章内容密切相关的插图，对首字母进行华贵装饰，并创造性地出现了书籍的扉页，装饰性、象征性以及宗教崇拜意义非常显著。七八世纪著名的"凯尔特风格"是基督教文化和艺术特点与异教文化和艺术风格融合的完美演绎。凯尔特人的手抄文书色彩绚丽，插图多为图案式，首字母大而华贵，装饰十分讲究，表达了创作者虔诚的宗教信仰。由于宗教的原因，12 世纪的书籍设计达到了高潮，为了宣传教义，手抄本书籍的标准化成为设计的必然要求。此时书籍装帧的特点是简洁的线描插图取代了写实风格的插图，根据文字编排的要求做图形的调整，提高了阅读性。1265年的手抄本《杜斯启示录》无论字体设计、版面编排，还是插图绘制，整体风格都趋向于简明扼要，其目的仍然是最大限度地传播宗教精神和思想。印刷术发明之后，目前所存最早的印刷品是我国唐代的佛教经文《金刚经》，插图的内容围绕佛教人物或佛教故事展开，版面工整、严谨，代表了当时佛教端正严明的无上地位，也奠定了后世中国书籍版面设计的基础。欧洲最早的印刷书籍也是宗教典籍，这些宗教图书都绘有大篇幅的插图，并在数量上远超过文字，形成了图片为

---

❶ 黑格尔.《美学》第一卷 [M].朱光潜，译.北京：商务印书馆，1982.

主、文字为辅的排版模式，这与当时快速而广泛传播教义的出版宗旨是密切相关的。在我国，直到宋代以后，才开始印刷出版宗教以外的读物。欧洲则是到了14世纪末、15世纪初才逐渐出现了宗教书籍之外的出版物。

书籍设计艺术与宗教的对话是双向的。一方面，宗教为书籍设计提供了无数形象化的机会；另一方面，书籍设计艺术使教义更广泛地被接受，最终结果就是书籍艺术从宗教中获取发展的契机，宗教凭借书籍艺术的丰富表现为人类最深的需求寻找寄居的精神路向。早期的书籍装帧设计以宣扬宗教思想为目的，创造了一种装帧艺术与宗教内涵相互渗融的文化现象，并以书籍装帧的艺术形态向人们传输精神或理想的力量，让人们从现实的劳作或苦难中解放出来，进入一个崭新的、真实的精神生存维度，这与马尔库塞倡导的审美形式救赎论的观点十分吻合。

二、书籍设计艺术与人文

人文是指人类文化中先进的、科学的核心部分，即先进的价值观及其规范。对于社会而言，人文是先进的法律和制度规范；对于社会成员而言，人文是先进的道德和习惯规范。作为人类文明的载体，书籍不可避免地参与到人文精神体现与构建的活动中来，形成了书籍设计艺术与人文精神的双向构建的形式：一方面，通过内容以及艺术表现形式，书籍传达了所处时代的人文精神；另一方面，书籍设计师在创作过程中将社会对个人的人文烙印也融入了创作之中。经过长期的发展演化，书籍不仅是社会中不可替代的文化、知识的信息载体，还是最能体现人文精神的艺术形式之一。

在人类文明进程的各个阶段都闪耀着人文精神的光芒，书籍是这些精神之花的忠实记录者。从手抄本到现代的印刷版，《圣经》一向以严谨、庄严、华贵的形象示人，但到了1864年美国《哈泼版插图本圣经》的出版改变了《圣经》设计的单调形式，虽然对文字的装饰仍然华丽，但是更简洁的装饰纹样取代了传统繁复的装饰纹样，同时版面设置更为灵活，时代感强烈，这本书的成功之处在于顺应新时代背景之下人们的道德观和价值观的微妙转变，以新的方式诠释传统，使之更易为大众所接受。我国明代的《正北西厢记》一书的设计集中体现了当时大众对文学剧本的审美要求，插图人物刻画细腻、场景描绘真实，同时反映了在封建礼教的重重压迫之下人们对自由的渴望和追求，是我国版画插图史上的精品之作。

在书籍设计艺术与人文精神的双向构建过程中，设计师的审美倾向以及价值观也深深地烙印于其作品当中。在大众受惠于工业革命所带来的种种好处的同时，艺术家却对设计水准的急剧下降感到忧心忡忡，于是产生了影响遍及西方各国的工艺美术运动。1894年出版的由威廉·莫里斯（William Morris）设计的《呼啸平原的故事》1900 年出版的由路易斯·里德设计的《随笔》等书籍是工艺美术运动的代表作。这些书籍设计精美，整书大量采用卷草、花卉式装饰纹样，追求实用性与美观性的结合，反映了设计者对机械化大生产在设计领域所带来的负面影响的忧虑以及恢复传统精美手工艺的愿望。第一次世界大战之后，人们对社会前途的失望情绪和对发展前景的困惑也表现在一些书籍艺术作品当中。1922 年出版由库特·施威特（Kurt Schwitters）设计的《稻草人进行曲》一书以及第一次世界大战期间的由约翰·哈特菲尔德（John Heartfield）设计的《新青年》报等的设计特点是版面设计无规律，编排非常随意，并将各种印刷品、相片进行随意的拼贴。这些具有强烈个人风格的设计作品常常将当时颓废的社会与堕落的精神文化作为抨击对象，表达了创作者既失望又具有强烈社会责任心的矛盾心理。

从马尔库塞审美哲学的角度审视书籍设计艺术与人文精神的双向对话，不难发现，书籍对人文精神的体现和构筑实现在书籍艺术的各个审美形式之中，版式、文字、图形、色彩等各项审美形式与书籍内容结合在一起，"形式成为内容，内容则成为形式"❶，构成整体的、多元的书籍设计，传达一定时期的社会道德观与人文价值观，在一定程度上推动了社会的发展。

三、书籍设计艺术与科学

纵览人类文明发展的历史，不难看出，世界变迁和社会进步是与科学技术的发展同步进行的。科学的发展丰富了人们的生活，拓宽了人们的视野，对人类的文化与精神领域的变革与更新产生了深刻的影响和强大的推动作用。一些全新的艺术形式凭借科技的进步得以存世，并伴随着科技前进的步伐互为影响地发展，在精神层面上不断更新人们的感知，构筑情感与理性统一的和谐状态。包括书籍设计艺术在内的诸多艺术形式发展的历程都与科学进步的思潮和科技成就紧密相连。

意大利文艺复兴时期，科学的飞速发展一改过去宗教书籍统治天下的局面，科技书籍开始盛行。此时的书籍设计仍然延续大量图片与文字穿插排版、卷草纹装饰首字母的传统设计模式，但版面趋于工整、简洁，如 1472 年出版的《军事论》、1482 年出版的《欧几里得几何元素》等。另外，科技的进步使书籍不再是普通人遥不可及之物。书籍的开本设计倾向灵巧的袖珍书籍，以方便人们携带，如 1501 年由出版商玛努提斯首创的"口袋本"袖珍书《歌剧》。进入工业化时代，书籍设计呈现出专业化的发展趋势。大规模高效印刷、彩色印刷、摄影、计算机

---

❶ 赫伯特·马尔库塞. 审美之维 [M]. 李小兵，译. 桂林：广西师范大学出版社，2001.

等技术的发展使书籍的形态发生了巨大变化。书籍涉及的文化领域丰富多样，书籍设计的形式包括开本、装订方式以及设计思维等多元化发展。直至今天，从增加书籍的文化价值的层面上提出的书籍整体设计概念更新了书籍设计为内容做嫁衣的旧格局，为书籍设计艺术领域注入了新的理念，使书籍对人类文明的影响日益突出。显而易见，科技的进步开拓了人们的视野，丰富了人们的感知，人们得以更深入地思考生存的维度。此时，包括书籍设计艺术在内的所有艺术形式在对话和交流中不断破坏既成的经验、意识和感性，为变革提供了力量来源。

四、书籍设计艺术与社会

书籍艺术自书籍诞生之日起就反映了社会的特性，社会也在人类与文化互动的过程中印下了书籍设计艺术发展的轨迹。通过设计的审美形式可以看到，书籍集中反映了生活的整体性和意识形态的多样性，同时反映了设计者的思想品性及所处的社会环境，形成了一股影响社会的文化力量。因此，书籍设计艺术与社会最紧密的联系来自社会生活实践。这表明，书籍设计作品所表现的世界以及创作者的意识形态都与社会的大环境息息相关，只要作品与具体可感的、现实存在的社会生活保持联系，并且创造出与社会现实相脱离的另一个理想的空间，就能产生审美经验，拓展人对客观事物的思维和感知能力。

马尔库塞曾说："艺术的使命就是让人们去感受一个世界。这使个体在社会中摆脱他的功能性生存和施行活动。艺术的使命就是在所有主体性和客体性的领域中去重新解放感性、想象和理性。"❶英国美学家克莱夫·贝尔（Clive Bell）对此表示认同："艺术能为社会做什么呢？给它以潜移默化的影响，甚至可以补救它。"在书籍艺术领域，书籍艺术家的审美态度和在社会现实之下的内心力量是构成书籍艺术作品生命力的重要因素，同时，作品与之伴随的社会背景之间存在着对话关系。

历史特殊阶段的艺术表现最能证明书籍艺术与社会之间的相互关系。中国"五四"时期的书籍设计是我国书籍艺术发展进程中的一个重要阶段。众多文人、画家参与到书籍设计中来，如鲁迅、闻一多、陶元庆、陈之佛、丁聪等，他们将提倡民主和科学的思想观念毫无保留地表现在书籍的设计上，具有强烈的文化象征性和社会批判特征，直接影响了这一时期书籍的设计面貌。例如，1926年鲁迅设计的《呐喊》封面形式简洁，有力地突出了作品内在的精神气质；陶元庆设计的《彷徨》封面，为三个寂寞的面对太阳的人，寓意追求光明。这批表达着设计者忧患意识和警世热情的图书对宣扬民主精神、推动社会进步起到了不可估量的作用。

---

❶　赫伯特·马尔库塞. 审美之维 [M]. 李小兵，译. 桂林：广西师范大学出版社,2001.

商品时代的书籍设计已然成为一种大众认可的、商业行为的文化消费，但这并不意味着书籍所蕴含的文化力量的消失，而是通过审美形式与商业话语的携手将文化意识形态的再生产附着于商业再生产之上，通过广泛的流通潜移默化地影响大众，这要求书籍设计必须来自社会现实又分离于社会现实，同时接受文化市场规律的选择，在商业化社会中确立自身的位置。

第二节　东西方书籍设计审美维度的差异

　　在世界文化历史的进程中，以中国为代表的东方人的思维方式与以西欧为主的西方人的思维方式各有自己独特的源流，从而产生出不同的思维形式。不同的地理环境、文化背景等多方面因素的影响使东西方人在宇宙观、世界观以及思维形式上都有所不同。书籍艺术的思维形式取决于不同的生态环境和思想观念。不同的时代和地域、不同的民族和风俗、不同的喜好和审美意识造就了形态各异、趣味无穷的书籍艺术形态。

　　当人类步入文明社会后，东西方艺术产生了明显的差异。中国美学和西方美学是两种不同思想文化体系的美学。东方哲学思想逐渐发展起来，崇尚直觉与神秘的中国传统美学思想，重视表达感觉和个人修养，轻视模仿真实；在形式结构方面则注重审美与实用结合，追求秩序美、形式美，反对自然的再现和自由之美。在思想上表现出较集中、注重综合思考，带有感悟、神秘性和求同的特质。"天人合一""至和达道"等表现了中国人追求内在统一和顺应大局的思想。

　　代表西方文化的古希腊、罗马艺术在崇尚自然的基础上，以其独特的艺术形式把自然同艺术通过理性的自我探测紧密地结合在一起，把个人置身于客观对象之外，主张精神与物质分离，发扬希腊哲学的思辨精神，追求强烈真实的自然之美。西方美学突出的特点是"以个体为美"，强调形象性、生动性、新颖性。西方人的思想带有表现独特个性的特质，充满现实主义的自由性和个人意识。正是东西方艺术思想观念的不同导致了东西方审美文化的差异和艺术表现形式的差异，这在书籍设计艺术中非常清楚地表现出来了。

一、中国艺术的传神性与西方艺术的写实性

　　中华民族在长达五千多年的历史文化演变中，也形成了自己独特的审美观念，可以把这种审美观念归纳为四个要点：第一，崇尚中和的审美理想；第二，崇尚空灵的审美境界；第三，崇尚传神的审美创造；第四，崇尚"乐"与"线"的审美意味。

中华民族自魏晋始，美学范畴有形和神两部分。19世纪末至20世纪初，中国近代书籍设计刚起步，涌现出了许多散文、杂志和小说的封面。钱君匋的《芥川龙之介集》《幸福的结婚》的封面都是以花草为图案，在封面中营造出充满诗意、情趣、韵味的艺术境界。通过以"物"传"神"的方式，使"神"超越感性现象并在心灵中升华，使人们对书籍内容的"神"有了感悟。

西方古典的美学观与艺术观都强调对客观现实形象的模仿和再现。古希腊伟大哲学家苏格拉底这样说过："艺术不但模仿美的形象，而且能模仿美的性格。"西方艺术是通过对整体世界的模仿表现美的。西方美学思想重视美与真的关系，把真不真看作美不美的前提。所以，许多西方书籍的封面使用了大量的照片，逼真的形象与鲜明的书名构成了封面的主要形式内容，简洁而明快。

二、中国艺术韵味与西方艺术的感官刺激

当代西方书籍设计以强烈的色彩和鲜明的形式吸引读者的眼球。中国艺术则与之不同，注重的是审美的内心体验。中国艺术讲究"味"，自从老子提出"味"的概念后，"味"便在中国文化的发展过程中逐渐成为中国一个重要的审美范畴。

中国艺术注重内心体验的审美方式与西方注重外在形象、强调感官刺激的直观审美方式大异其趣。中华民族的审美心理是偏于品味型的。比如，20世纪30年代陶元庆设计的《朝花夕拾》，还有20世纪50年代曹辛之设计的《九叶集》。《九叶集》是九位诗人的一本合集，曹辛之先生用一棵大树九片叶子的图案包含着深邃的寓意，九片叶子就代表九位诗人。书籍封面的整体画面使读者感受到诗集的温馨与美丽，是中国书籍设计艺术的精妙之作。这两本书籍设计都属于这种含有无限潜在之味，耐人寻味的书籍设计佳作。

三、中国艺术"气韵"感悟与西方艺术的实体表现

西方艺术是建立在实体性与明晰性的基础上的。西方艺术的出发点是"有"，"有"即实体，因此极力表现物的可感的体积和深度的空间以及光影色彩的规律，并由此形成了重形式、重理性、重明晰的艺术掌握方式。

而中国人则说："太虚无形，气之本体，其聚其散，变化之客形尔。"（《正蒙·太和》）中国艺术是从"无"出发，以"气"为本，由此展开了中国艺术对气的追求。这是一种在自我内心直觉体验中把握宇宙生命的审美方式。中国画把"气韵生动"放在"六法"之首，我们也可以在中国古籍的装帧形式中看到虚灵之气。如今的书籍设计也完全可以在设计中将虚与实、疏与密、曲与直、分与聚、起与伏等形式的运动变化转化为生生不息的气韵，营造中国书籍装帧所独有的气韵之美。

如今，中国设计师将要面临新的挑战，只有在深入领悟传统的艺术精神、充分认识来自西方的各种设计思潮的基础上，兼收并蓄，融会贯通，寻找传统与现代的契合点，才能打造出符合新时代的民族形式，才能找到真正属于我们本民族的同时能够被国际社会所认同的现代设计。

总之，我们要将人类一切优秀的文化成果都编织在自己的网络结构之中，继承本民族的优秀文化传统与吸收外来文化一定要两手抓。

第三节　书籍设计艺术的审美特征

书籍设计艺术不仅是简单的为书籍做外衣，还是一个多侧面、多层次、多因素、立体的、动态的系统工程。因此，书籍设计中蕴含的美感也不是单一的，是多元的、多层次的、丰富的；书籍设计的美感也不是静止的，而是动态的、发展的；书籍设计的美感也不是封闭的，而是一个开放的、多因素的、多侧面的系统；书籍设计的美感更不是孤立的、破碎的，而是一个立体的、复合的、有机整合的、多要素相互联系的整体。书籍设计艺术的美感具有多元化、丰富性的特征。

一、现代书籍的审美特征

法兰克福派学者马尔库塞认为，审美形式是艺术的本体所在，是艺术的本质特征。从早期的简策、帛书到现代形式感丰富的书籍，书籍设计经历了十分漫长的发展阶段。虽然设计最初的目的是保护书籍、便于使用，但是早期简易的装帧就已经蕴含着形式美的萌芽。而正是由于书籍所展示的美，才使部分书籍在浩如烟海的众多书籍中流传下来并成为文化精品，书籍也因此成为最能体现人文精神的艺术形式之一。现代书籍设计形态有了诸多变化，对于体现书籍美的要求更为凸显。随着各种设计理念的不断提出，对书籍设计的思考也愈加深入。著者认为，应该从书籍的时空特征、整体性特征、设计的秩序感以及内容美的设计特征着手展现现代书籍设计的形式美感。

（一）书籍的时空特征

书籍是空间艺术品。将一本书竖立打开，我们看到的是一个以书脊为中心，封面和封底左右对称且将内页包围在其中的一个立体的三维物体（图4-1）。其中，封面和封底是书籍空间的界限，强烈地展现了空间的占有力度和属性；内页以优美的弧形展开，蕴含着书籍空间的文化气息；书脊衔接着封面和封底，作为书籍侧面的切口展示着书籍的量感，设计师通过对这六个面的把握创造出自成一体的空间。从图4-1中可以看到，书籍由若干个平面组成，书籍形态的审美特征中包含了平面形式美的内容，但是忽视了书籍的三维性则会使书籍设计陷入呆板、平庸的境地，因此立体化的视觉角度否定了以往二维设计的思考方式，正如书籍艺术家吕敬人先生所提倡的书籍设计应当与周围的环境取得一种和谐的理想空间那样，设计师必须从平面化的传统思维模式中挣脱出来，从理解书籍的空间审美特征入手，充分把握书籍设计的脉搏。

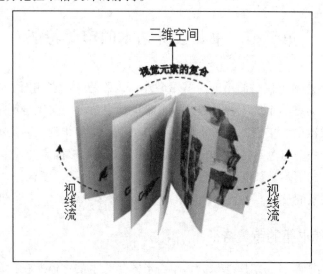

图4-1　书籍三维空间

书籍是三次元的六面体，是立体存在的。书籍设计艺术从根本上来说，是立体的、多侧面的、多层次的、多因素的艺术门类，并且书籍与读者的审美关系是动态的关系。书籍设计和工业设计、建筑设计这些艺术门类一样同属造型艺术范畴。书籍的形式美是在立体的、多侧面的、多层次的、动态的空间中展开的。书籍设计的思考方式也是一种立体的思考方式。那种以绘画式的封面，以永远不变的以正文版面为基点的书籍设计只是简单地为书籍做外包装。书籍设计应该是包含着信息编排以及封面、环衬、扉页、序言、目次、正文、各体例文字、图像、饰纹、空白、线条、标记、页码等内在组织体的从"皮肤"到"血肉"的三次元的有条理的再现，而以往的设计观念割裂了外表和内在的呼吸关系。当我们拿起书籍，书与人之间会产生具有动感的交流，这种立体空间的存在方式更为明显。书籍设计不能只顾及书的表皮，还需要赋予包含时空的四次元全方位、多角度整体形态的贯穿与渗透，这已是当今书籍设计的基本要求。

书籍也是时间的艺术品。书籍的阅读产生了视线流，视线流的推进产生了阅读时间流。随着书页的翻动，阅读的时间流伴随着读者微妙变化、起伏不定的情绪合成了一个完整的书籍时间维度。在这个独立的维度里，读者的触觉、嗅觉、听觉、味觉以及最重要的视觉都得到了增强。良好的版面构筑方式对确立书籍时间维具有重要意义。字体的选择、字距和行距的大小、图片的编排、空白的处理以及色彩的舒适性与连贯性都决定了阅读的速度，进而决定了时间维度的流畅与否，使读者的情感随着时间流的推进而产生微妙的变化。书籍设计艺术以前常被人们看作平面性的艺术，仅局限于书籍的封面设计。随着时代的发展，现在的书籍设计立体的、三维的、动态的。书籍设计不仅是为书籍做简单的外表包装，还以书籍的整体形态为载体，进行从书芯到外观的一系列整体视觉形象的设计，是一项多侧面、多层次、多因素、立体的、动态的系统工程。

人的视觉特征还有这样一个特点：一开始往往只知觉到一个模糊的整体，随后逐渐对其进行修正、润饰和细节加工。这时审美知觉选择的对象和重点也不是凝固不变的，而是随着对象特征的逐步展现，主体的目的、需要、能力、情绪等发生的变化而不断转移。这种感知选择重点的不断转移构成了书籍视觉的时间性。

书籍的时空特征是设计者必须把握的一个设计要点，为文字、图像倾注生命力的表现和情感式的演化，随着视觉元素跳跃性的变化，营造一个自我的空间，使封面、书脊、封底、天、地、切口、环衬、扉页、内文之间相互协调又相互制约，表现出图书时间、空间变化的层次感。

（二）书籍设计的整体美

中华民族是一个善于辩证思考的民族，系统或整体的观念早已成为传统文化中的重要组成部分。中国早就有伏羲画八卦的传说。与八卦观念相对应，中国古代哲人又创造了"五行"观念，认为水、火、木、金、土等相生相克形成了世界的万物。八卦与"五行"成为中国人用来说明物质世界及其演化的一种整体性的观念。老子认为，整个宇宙的演化是"道生一、一生二、二生三、三生万物"，世界上的"多"由"一"演化而来，因而"一"与"多"是内在的统一，是一个不可分割的有机整体。还有孔子的"尽美矣，又尽善也"、西方古希腊哲学家亚里士多德的"美在于统一体"、英国哲学家培根的"美不在部分而在整体"，都说明了整体美的重要性。

书籍的整体性是当前书籍设计界最为流行的观点，强调书籍的各个部分在美学上的一致性，要求设计应当从空间到时间、从抽象到物化、从书籍形态到传达书籍语境的过程中把握整体美。每年由德国图书艺术基金会、德国国家图书馆和莱比锡市市政府联合举办的"世界最美的书"评选活动代表着图书装帧界的最高荣誉。近几年评出的"最美的书"无一例外地体现了整体美的设计思路。评委会认为,最美的书必须有合适的字体以及包括扉页、附录在内的美观的版面设计,书籍的各个部分都要设计得当并符合美学的要求,成为一个和谐的统一体,同时能将书籍内容主题准确地传达给读者。

书籍整体设计的概念也深刻影响了我国的书籍设计界。著者 2005 年 11 月参加了首届中国书籍设计家广州论坛,北京印刷学院的韩济平教授在会上主讲的"书籍装帧与书籍设计"议题与青年书籍设计师蒋宏主讲的"书籍设计的策划与定位"都提到了书籍整体设计的概念。由此可见,书籍设计的整体性正在被越来越多的设计者关注和接受。

书籍设计是一个整体概念,除内容外,还包括书籍形态、传达方式以及阅读过程中令人愉悦的诸多元素,有趣的形态、生动的图像、富有触觉感的纸张、翻阅过程中产生的声音等各种元素相互交融传达出一种整体的阅读气息。设计师在深刻理解书稿内容,熟悉印刷流程和工艺的基础上,对各个设计元素进行整体筹划,使之达到形韵与神韵的完美统一,给读者以赏心悦目之感。

从河北教育出版社 2003 年出版的《怀珠雅集》一书中,我们可以清晰地看到书籍整体性设计的思路。《怀珠雅集》的内容为藏书票的艺术展示,设计者首先通过分析藏书票的起源、过程和现状确定设计思路,即将中国文化特质和书卷气息作为整书的基本视觉传达基调,捕捉古籍中的视觉元素并赋予其现代审美形式,达到古为今用的目的。从其外在造型、开本大小以及阅读形态的设计上,都可以看到设计者在努力营造古籍阅读的审美语境,突出书籍翻阅的质感,强调书卷文化的气息。同时,其内文版式设计与外在形态达成和谐统一的状态,字体、字号、行距、文字群的空间组合等无一例外具有古籍空灵、飘逸的美感。同时,为体现回归自然的人文关怀,其选择了最具亲近感的手工宣纸、麻绳等材料,内文用薄纸做成传统筒子页形式,函套采用水曲形瓦楞纸,表达淡泊高雅的艺术追求。《怀珠雅集》的各个细节都体现了整体美的设计思路,一经出版,即成为许多爱书者的藏品。

(三)书籍设计的秩序感

贡布里希在《秩序感》一书中说道:"有一种秩序感的存在,它表现在所有设计风格中,而且我们相信它的根在人类的生物遗传之中。"这段话表明了两个重要观点:一是秩序感是客观存在的;二是人类具有天生适应和感知秩序的本能,并通过对秩序的感受表达认知的喜悦。"秩序感"既有自然的属性,又是人为地选择和适应的结果。书籍是由若干个平面组成的三维实体,文字、图形、色彩是书籍平面的基本元素，由此构建书籍的版面空间，使整书的每一个版面呈现出某种关联的规律性，这样在视觉上就有了秩序感。秩序感的产生与视知觉的建构几乎是同时进行的，两者之间并非简单的先后关系：视知觉经验让我们感受"秩序感"，同时"秩序感"让我们联想到某些视觉经验或生活体验。当书籍设计呈现出来的秩序感与以往的视知觉经验以及心理取向一致时，读者就获得了某种审美乐趣，并认为这种秩序感是美妙的。既然秩序感的产生有赖于视知觉经验，那么我们可以以此作为书籍的设计原则：单调和杂乱没有美感，而变化中的有序有序的变化则为人们所喜闻乐见。例如，曲线既柔和又有节律性变化有统一与变化的特性，因而是美的；交响乐重复中又不断变化的乐章是动听的……在进行书籍设计时，设计师应遵循统一中寻求变化的原则，才能给读者以秩序美的享受。

（四）书籍设计的感官美

审美必须依靠人的主体感官，必须有一个看得见、听得着、摸得着的活生生的对象才有可能进行，审美是不能够离开生活的完整形象和人的感官作用的。感知是审美活动的先导。人的视觉、听觉、嗅觉、味觉、触觉等感觉器官、神经通道和大脑皮层的感觉中枢三部分组成了人的感觉器官，接受、传导、加工、分析外界的各种信息。

自古希腊哲学家柏拉图以来，许多美学家也已经确认视觉和听觉是所有感觉中最富有审美性质的感觉。当读者阅读一本书的时候，要用眼睛去看，用手拿，一页页翻开阅读。读者对书籍的翻阅过程其实就是对书籍的审美过程。书籍设计艺术审美主要是视觉的审美，但是审美并不仅仅来自视觉。在书籍设计中，特种纸张的应用越来越广泛。特种纸张作为一种能够产生特殊美感的设计材料，具有多种肌理和纹路，在触摸时可以产生不同的手感，丰富了现代书籍设计的内容。

因此，书籍设计的美感不仅局限于视觉。书籍设计的美感也与触觉等其他感官有着密切而微妙的联系。艺术家运用通感塑造出集多种感知于一体的形象后，又诱导人们从一种感觉推移到另一种感觉或多种感觉，从而领悟更丰富、更深远的意境，给人以整体性、综合性的意味深长的美感。在日常经验里，视觉、听觉、触觉、嗅觉、味觉往往可以彼此打通或交通，眼、耳、鼻、舌等各个官能的领域可以不分界限。颜色似乎会有温度，声音似乎会有形象，冷暖似乎会有重量，气味似乎会有体质。这就是感觉的挪移。

人的五种感官在审美知觉中发挥的作用是有很大区别的。日本书籍设计家杉浦康平曾提出书籍的"五感"：一为书的重量感，书有分量，而轻重之别是由材料和制作过程的差别所致的。二为触感，翻阅书籍时，手感的愉悦确实也是一种美的感受，纸张表面纹理的粗糙或细腻，硬挺或柔软都会唤起读者触觉的新鲜感。三为嗅觉，随着书页的翻动，不经意间散发出来的油墨和纸张的气味会不断刺激读者的嗅觉，从而产生美的享受。四为听觉，书页翻动，纸张会发出声音。翻阅厚厚的辞典，会发出啪嗒啪嗒略沉闷的响声；翻阅线装古籍会发出柔柔的沙沙声。而随着书页的翻动传出的纸张的声音因材质不同各有差异，但都无一例外的可以通过刺激读者的听觉达到促进购买行为的最终目的；翻阅之声时而薄脆，时而沉闷，或轻微，或厚重，如同美妙的音乐一般具有节奏和韵律感。五为味觉，读者在阅读书籍的过程中，精美的图片和曼妙的编排结合原有的视觉经验，分泌唾液，从而触发味觉，好似亲自品尝了一顿饕餮盛宴，实现对书的品读。

成功的书籍设计作品应具有"以一当十"的立体的具有多种审美属性的耐人寻味的形象，能引起人们的联想、想象和再创造，视觉是最主要的审美官能。吕敬人在书籍设计作品《子夜·手迹本》中注入了传统与现代的兼容意识，着力营造时代的气氛和分寸感，借鉴传统文化的书匣形态设计书盒，封面书函的造型、设色、用材均力图突破传统书籍设计的固有模式，强调书和读者之间阅读行为的动感过程，拿起书籍，从书盒中抽出书函，启开封面，翻开书页，跳动的文字、图像、线条，视觉的、触觉的、嗅觉的、听觉的等感受随之而来，形成有特点的媒介传递方式。

因此，书籍设计艺术绝不仅是书籍的封面设计，它是一个多侧面、多层次、多因素、立体的、动态的系统工程；书籍设计艺术的美也不只是来源于单一的视觉。书籍设计艺术中的审美是多元的、多因素构成的，是以满足视觉为主、并满足与之联系的其他感官要求的系统工程。

书籍设计美感的构成是以视觉为主要审美官能的多元的审美系统。因此，书籍装帧印刷是一个包括平面设计、材料设计、印刷装订工艺设计的全方位的整体工程。设计师必须树立整体的、多因素的、全方位的设计观念，将视觉、触觉等感觉官能有机地联系在一起，综合纳入自己的设计思考之中。中华民族重气韵、重品位的审美方式是在千百年的历史长河中积淀形成的，深深扎根在中华民族的心灵深处，具有巨大的延续性。许多设计师不仅注重封面的外在审美，还在设计中强化了书籍视觉传达语言的叙述，如对图像、文字在书籍版面中的构成、节奏、层次以及时空的把握。一些优秀的书籍设计已经摆脱老面孔，以崭新的审美形态面对读者。

（五）书籍设计体现内容美

书籍设计的内容美是通过装帧的形式体现出来的思想内容和情感因素。书籍设计借助各种艺术和技术手段传达书籍文本资料的内容精髓，在细微处表达设计者的价值观和情感世界，与书籍形态共同构筑文化氛围，形成能与读者心灵交流的书籍自身的小宇宙。设计者把庞杂的文化信息以抽象、简练的形式概括，文本的价值通过审美形式得以实现，审美形式又引导读者的欣赏向更深的层次延伸。内容美是设计的审美形式，是与文本内容完美融合后体现的视觉感受。在审美形式与文本内容的关系中，不存在孰轻孰重的说法，不能简单地将两者割裂开来研究，而是应将其纳入整体性构建之中。

《朱熹大书千字文》的设计处处扣紧书籍主题，实现了内容与形式、艺术与功能的完美整合。书中的千字文是南宋理学家、书法家朱熹所写，风格粗犷豪放、悠远大气。为了真实再现这一风格特征，外函设计成反向雕刻着一千个字的木板，并仿宋代印刷雕版，全函以皮带串连，做成传统的夹板装订，顿显古朴大气之美；封面采用三种不同色彩的特种纸单色印刷，以中国书法基本笔画点、捺、撇作为设计符号，用以区分上、中、下三册；内文版式将传统的文武线作为基本框架，上下的粗线对豪放的朱熹墨迹起到稳定的作用，同时左右的细线形成了对比性的烘托，使内文的设计达到了扩张与内敛并存的平衡效果。全书的设计准确地把握了文本内在的精神气质，体现了形式与内容的和谐之美。

二、现代书籍设计艺术审美形式的构筑

马尔库塞认为，审美形式总是在现存的经验和灵感世界中，通过赋予现实材料新的秩序，将给定内容进行组合、调整，使艺术从无序混乱的"风格化"成为一个有序的自足整体。书籍设计是一项立体的思考活动，封面、护封、书脊、环衬、扉页、序言、目录、正文、页码、图像等审美形式的构筑赋予了书籍的原始文本资料以新的秩序，使之转化为完整、有序的书籍形态，并传达一定的思想内容和情感因素。书籍设计的审美形式不仅为书籍的文化载体特性提供了存在的根基，增加了书籍的附加值，还架起了书籍与读者交流的桥梁。我国书籍设计大师吕敬人先生认为书籍近乎是一出有声有色的有生命的戏剧，是在构筑感动读者的桥梁。书籍审美形式的构筑有两个重要内容，即书籍的版面艺术形式构筑和物化书籍的纸材工艺形式构筑。读者从有序组构的书籍版面形式中获取主要的视觉审美感知，纸材工艺为物化书籍增添了多元视触觉感受，完成了书籍形态的整体构筑。

（一）书籍各结构审美形式的构筑

一本图书从外到内是由封皮、封面、勒口、订口、切口等结构组成的，各个

结构都具备一定的审美内涵，而书籍整体形式美的构筑有赖于每个结构的审美内涵的高度统一和调和。

1. 封面的审美内涵

封面古时又称书衣或书皮，是一本书最重要的外部特征，最能代表图书的面貌。它除了具有保护书芯的作用外，还具有审美的功能。封面设计包括书名、编著者名、出版社名称等文字和装饰形象、色彩及构图，如何使封面体现书的内容、性质、体裁，如何使封面起到感应人的心理、启迪人的思维的作用，是封面设计的重中之重。封面设计必须符合书籍的内容，其设计虽然不能重复书籍的内容，但是可以创造性地概括书籍固有的内涵。因此，书籍封面不是一种可以任意改换的外加物，不是随便拿来保护书籍的书皮子，封面是与书籍内容紧密相连的独立的艺术品，它代表了书籍设计审美内涵的大部分。封面展现出来的形式美感如同其他艺术设计的形式一样，其设计也要遵从形式美的设计规律，充分运用形态要素如点、线、面、体、空间、肌理等，还要运用构成要素如形式、节奏、韵律、对比、调和、变化、统一等形式美法则，展现书籍封面各视觉元素的有机联系，或简洁凝练，或丰富繁杂，达到完美的视觉效果。

封面的设计还应该考虑不同读者的年龄、文化层次等。少年儿童读物的封面形象要单纯、具象、真实、准确，构图要生动活泼，尤其要突出知识性和趣味性，在构图、色彩和内容安排上，要符合少年儿童的审美心理。中青年到老年人读物的封面形象可以由具象渐渐转向抽象，构图也可由生动活泼的形式转为的严肃、庄重的形式。休闲性、生活性等杂志书籍封面在构图上可以活泼些，色彩上可以热烈些，使其更富有趣味性，更能吸引人的眼球，如广西师范大学出版社出版的《中国民间美术全集》，色彩奔放，文字和图形结合巧妙，把知识性、趣味性和收藏性完美地结合起来。而学术性的刊物或专著在视觉要素的运用上更凝练、简洁，在色彩运用上往往朴素一些。因此，从事书籍设计的人无不将封面设计放在最重要的位置。日本著名书籍设计家菊地信义先生曾说过："封面装帧作为平面的设计，摆在书店的展台和书架上，首先要有引人注目，打动人心的感染力。"读者从看书、翻书到买书一般经过"吸引""了解""拥有"三个心理过程，其中第一个心理过程在很大程度上取决于封面设计的成败。

2. 勒口的审美内涵

勒原指套在牲畜上带嚼子的笼头。《汉书·匈奴传》上就有"鞍勒一具，马十五匹"这样的话语，"勒"字有约束之意。勒口在书籍设计中同样起着"勒"的作用。勒口是指书的封面和封底的书口处再延长若干厘米，向书内折叠的部分。

精装书的包封必须要有勒口，它使包封紧紧依附在精装内壳上，为精装书的内壳巧妙地包上了一件漂亮的外衣。平装书籍可以不要勒口，显现出一种实用而简洁的美。目前，很多平装书的封面也有了勒口，比较考究的平装书一般会在前封和后封的外切口处留有一定尺寸的封面纸向里转折，前封翻口处称为前勒口，后封翻口处称为后勒口。实际上这是一种介于平装与精装之间的设计形式，为平装书增添了几分高雅和情趣。

十几年前我国的平装书开始出现勒口的时候，大多数勒口都是无任何设计的白纸，或者只是封面色彩的延伸而已。随着时代的发展，勒口逐渐被纳入设计的范围，并被视为设计的一个重要组成部分。从此，勒口再也不是一片空白，而是封面主题内容的延伸。勒口上的要素与封面上的主题图案相呼应，打造着书籍设计整体的旋律。

3. 订口和折口的审美内涵

法国文豪雨果曾说："人类就有两种书籍，两种记事簿，即泥水工程和印刷术，一种是石头的圣经，一种是纸的圣经。"吕敬人先生也说："书是语言的建筑，建筑是空间的语言。"从物理结构上说，如果把书籍比喻为建筑，订口和折口便是书籍的框架。订口是书籍物理形态上所拥有的主轴，是一条时间链，是决定阅读进程的轴。页面随着订口或折口翻动，所有的文字、图像、内容都随着这条主轴展现给读者。由一张一张的纸折叠装订而成的书随着阅读，成为信息陈述的流动过程。

（1）订口和折口的起源以及发展变化。人类古代书籍文化光辉灿烂、源远流长，为世人所瞩目。著名韩国设计家安尚秀先生曾经说过："传统不仅仅是过去的遗物，它是对那个时代最精致的部分、最新潮的部分的狂热追求的结果，在历史的过程中久经磨砺、千锤百炼、得以继承至今。"

（2）订口和折口的概念。订口的定义可以分为两个部分来理解：内订口和外订口。内订口是版面的版心到装订位之间的空白处；外订口指的是书籍的装订位部分。折口指的是两个页面的折叠连接部位。订口和折口是两个不同页面的连接部位，它们创造了一个又一个页面之间的联系、过渡、演变，犹如戏剧的一幕与另一幕的联结。订口除了"装订"的功能之外，更本质的是它还是连接两个信息的部位，这点和折口是一样的。基于订口和折口的这个共性，从某种角度上说，它们可以统一起来，在书籍内容的联结整合、时空节奏的展现、人书互动以及文本观念的折射上均起到异曲同工的作用。

（3）订口和折口的物化形式。订口的物化形式并不局限于平面视觉上，如二次订口、移动订口。二次订口使部分书页离开订口一定距离，不装订于订口，并且产生短于书籍页面的另外两个页面，二次订口连接着这两个页面，使书籍产生多种翻阅形态，生发出多层次的内容关系。移动订口连接两本以上的书，使之既可以同时阅读，又可以独立阅读，并且成为一个整体。

折口的物化形式多种多样，如折口、蝴蝶折、双折口等。折口可以在装订时使纸张宽度略微不同，通过长短结合而使中心部分的书页不装订于订口，以使这部分折页在阅读时能充分展开，与前后页平行，增加了阅读的趣味性和互动性。

针对不同的主题内容，各式各样的折口与订口的物化形式在对书籍内涵的陈述过程中，分别扮演着各自的角色，使书籍信息随着阅读者的翻阅得到多种姿态的呈现。

（4）订口和折口的审美内涵。

①观念的折射。获得"世界最美的书"奖项的书籍设计作品《剪纸的故事》围绕剪纸作品的个性特点进行了大量的有序运筹和整体编辑，在订口的设计中，设计了从订口处由内向外横向切断的部分书页，在阅读者的翻阅过程中，被横向切断的页面灵动飞扬，力求还原"剪"的行为；同时该书装订采用了彩色线随着翻阅，每帖中心的内订口处及外订口的装订线部位呈现出的不同的彩色线与多色的剪纸相互呼应。在这个书籍设计作品里，订口不仅是物化的，有丰富内涵的文本观念的折射，甚至可以说是信息的本身，这也是留给阅读者在阅读中的思考。折口处的设计虽然"不着一字"，但是"尽得风流"，大有"四两拨千斤"的效果，令人浮想联翩，在很大程度上增添了阅读的价值。

②潜在的游戏。当作者的观念、文本隐含的形而上的思维通过某种物化形态呈现出来，阅读便成为一种心理和精神层面的活动。阅读不仅是获取信息的过程，还是开启阅读者自身想象和智慧延展的密钥，并因主体理解程度的不同而成为不断循环的再创造交流，这时阅读便充满了令人心旷神怡的游戏性。这种游戏性贯穿于整个阅读过程，设计师更多的是以理性的逻辑组织驾驭，以尽可能精确的物化形式传达文本内涵，这是个不确定的游戏，也许有人为之会心一笑，也许有人无动于衷，这当然关乎于每个阅读者不同程度的心理触觉敏感度和思辨能力，但更关乎于设计师本身对形式传达的探索。形式的探索之于书籍的意义自不必说，而阅读者的行为、心理和感受尤为重要。著者设计的《兔子的尾巴》是一本描述主人公难以名状的抑郁情绪的小说，全书的设计透着晦涩压抑的气氛，为的是契合这本小说的主题。页码印刷在订口处，轻轻翻开书时，会看到黑灰色页码的小局部，因此激发了阅读者的好奇心，触动了阅读者用力掰开书籍订口处察看的行为；看似"散落"于订口的页码如主人公无处安放的压抑情绪，随着阅读者每次翻动书页，这种晦涩的心理像是被一次次"无情"地揭开又压榨，而"滑落"到订口处这个"深渊"。这虽然是订口上的平面设计，但是基于深刻理解文本内容后

所产生的视觉形式，注重的是阅读者翻阅时与其的互动及对其的理解，在书籍设计的时空变化中感知纸背后那些似乎看不到的东西。在订口和折口的设计上，设计师依靠自身的设计谋略试图获取不同阅读个体对内容的感知和互动。阅读者在阅读书籍的时候留下一种智慧体察的"轨迹"，沉浸于趣味生发的情绪。

书籍因订口和折口的设计而呈现不同的纸张开合的物化形态，生成多方位的信息流，不同的翻折可以产生不同的组合序列。例如，有些书籍在订口处设计了手撕线，使折页与订口连接在一起，阅读时只有用手撕开手撕线部位，才能看到折页里面的内容，如果想要保持订口处的完整性，阅读者便无法完全阅读书中内容。在这样的书里，设计师巧妙地利用了书籍的互动性，给阅读过程设置了"路障"，使阅读者有了期待，有了好奇，有了浓厚的一探究竟的欲望。

③易读性关怀。现当代，海量信息充斥，文字信息、视觉图像泛滥，设计者细致地关注到人们因此而日渐失敏的感官系统，将全面的感官体验引入阅读的层面，从阅读者的角度思考订口和折口的设计有效性也是体现书籍设计中天人合一的人文性关怀，使书籍具有内在的力量，以达到书籍至美的语境。

4. 切口的审美内涵

《汉语大词典》中对"切口"的解释为"书页裁切的边"。切口是书籍整体必不可少的一部分，中国古籍中称与书脊相对的部分叫"翻口"，也称作"外切口"，上方切口为"书顶"，下方切口为"书根"。中国古代将书视为三维空间的可视物，故古人在做书时不仅关照平面，还重视三度空间的每个细节部位。

书籍的切口在书籍设计中有重要的作用。包背装的古籍在切口位置的鱼尾纹一方面是对齐折线使书籍的切口整齐，同时是对文章章节的说明；另一方面，其位置在切口上形成的灰黑色正好是手在翻阅时经常触摸的地方。这样的切口设计不但美观，而且在翻阅中起到保持书籍整洁的作用。从功能的角度看，合理的切口设计可以起到提示读者的作用。例如，我们熟悉的《英汉大词典》，在切口上用26个不同位置的色块代表以26个英文字母开头的单词，这样在查阅起来就非常方便快捷。从审美的角度看，切口的设计还可以起到愉悦读者阅读环境和建立想象空间的作用。在书籍设计中，任何一个图形、文字甚至是一个点、一条线的存在都是为读者更好地接收书籍信息内容服务的，如杉浦康平设计的《全宇宙志》便巧妙地利用了书的切口，当往左翻阅时，切口呈现出宇宙星云图；往右翻阅时，无垠的银河系又展现在眼前，而读者在每一次的翻阅过程中都是在和切口做最亲密的接触，切口成为书籍设计师可以尽情舒展身姿的舞台，是设计师与读者进行动态交流的场所。无切口设计未必不可称之为书，而好的切口设计却犹如为读物注入了生气和活力。

造书者从书籍的功能到美感构建了至今为人们所熟悉的书籍的形态——盛纳着知识的六面体。从书籍的整体形态看，书籍的切口就占据了其中的三面。但为什么书籍切口的设计长期以来没有引起设计师的重视呢？这可能是经济成本、技术条件、阅读习惯的思维定式、社会文化观念等因素导致的。

形态的千篇一律使个性化的操作受到限制，这也为书籍的切口设计造成了一定障碍。再看一看书籍设计制作的流程：书籍一经设计师设计编排完成，便送到印刷厂印刷、装订、切齐切口。但是，如果想从切口上做一些文章的话，设计师不但要考虑受众能否接受，而且要考虑到经济成本、制作工艺等很多问题。这样书籍从设计、编排、纸张的选择、印刷的程序等方面都需要增加许多工序，从而使成品书的价格上涨许多，有时可能会是几倍。经济成本的制约使受众购买力下降，导致切口的设计现在还不能多样化。再者，一般摆放图书时，都是书脊朝外，而书的切口就会被隐藏起来，这也是书籍的切口长期以来没有受到重视的原因之一。

既然切口的设计遇到这么多的障碍，还有必要进行设计吗？回答是肯定的，书籍切口的设计大有文章可做，它是一个被设计师长期忽略的角落。随着社会文明程度的提高以及人们审美需求的不断更新，书籍不会再单以文字内容传达信息，书籍整体的设计将成为引导读者有效、有益吸收信息的桥梁。切口设计作为书籍整体设计不可或缺的一部分，应该引起人们更多的关注。

从古至今，中国的书籍形态发生了多种变化，从简册装、卷轴装、旋风装、梵夹经、经折装、蝴蝶装、包背装、线装到现在的胶装、索线装、骑马订等，切口的变化也随着装订形态的变化而变化着。而今天随着概念书的出现，切口的设计也越来越独立出来，成为书籍装帧设计舞台上的主要角色。

①切口的裁切、装订、折叠的形式。在中国历史上，任何一次书籍裁切、装订、折叠形态的改变都伴随着书籍整体形态的变化。切口形态依附于书籍的整体形态，书籍的裁切、装订和折叠形式的变化也导致了切口形态的变化。卷轴装的切口是圆形的，线装的切口是方形的，现代概念书的切口已不拘泥于特定的形状，可能是规则的，也可能是不规则的，可能在一个平面，也可能不在一个平面。

书籍整体设计中一个重要的元素是纸张材料的应用。书页在翻动时会带给人们触觉上的感动，故而切口要准确选择与内容相应的纸张，使切口产生非同寻常的表现力，如光滑与毛涩、平整与曲散、松软与紧挺等，不同的质感可体现不同的韵味。例如，吕敬人设计的《奏名曲》，其切口利用纸张特殊的质感设计为毛边效果，这种处理更贴近了读者心理。

②切口的文字、图形、色彩代表的寓意。切合书籍内容的文字、图形、色彩通过现代技术手段被表现在书籍的切口上，可以提升书籍的审美价值。传统意义

上，设计师习惯把文字、图形和色彩在封面上变换组合，而忽略了文字、图形、色彩在切口上的作用。文字、图形、色彩在切用得当也可为书籍的设计增辉。例如，杉浦康平设计的《艺妓》，一幅日本民间生活情景图延展于书籍的内封、环衬、切口和书籍的内页之上，整个书籍装帧设计在这幅图的联系之下，显得异常生动。

③切口与封面的合作。从书籍的封面到切口、书脊是一个延续的过程，但是设计师往往把书籍的封面作为一个独立体进行设计。这通常是受到思维定式的影响，因为传统书籍的设计都不会刻意设计书籍的切口。然而，一旦发现书籍封面和切口的关系，就可以根据书的内容将封面和切口联系起来，使书籍的六个面相互之间产生了联系，丰富了视觉效果。

④切口与版面的关系。在进行书籍的版式设计时，如果能考虑到裁切后的书籍切口的形体，把图形、色彩、文字等元素符号由版面流向切口，物尽其用，便能体现信息符号在书籍整体中流动传递的作用及渗透力，从而起到意料之外的效果。例如，吕敬人设计的《黑与白》一书，全书利用黑白两色进行整体设计，书中每个版面都充分利用黑白的对比，图腾纹样一直延续到书籍切口的位置，最终在书籍的切口处形成黑白相间的图形，从而达到与书籍整体内容和形式上的统一。

切口是书籍侧面需要裁切的三边，是为了易于存储、翻阅、保护图书，并且使阅读者在翻阅过程中产生愉悦的感受。从这个意义上讲，我们可以把精装书的外函套或外盒的边缘设计也认为是一种切口的设计，如吕敬人在设计王国维的《人间词话》手写书稿时，在书籍外盒侧面的上端嵌入了三毫米厚的古代线装书切口的形态，利用传统文化形式的错觉制造了现代语义上的切口。现代的一些概念书还在切口做折叠、裁切的设计。

（二）书籍版面审美形式的构筑

书籍版面的设计范畴包括封面版面以及内文版面。每一个版面都可以看作一件平面的艺术作品，文字、图形、色彩是书籍版面设计的基本要素，共同构成书籍的版面信息，也是书籍设计的核心。受书籍的特定性制约，版面设计的形式美更多倾向于秩序化、逻辑的美，如文字的大小疏密、图形层次分明的布局、富有韵律感的色彩运用等，体现的是规范化的视觉美感。

文字是书籍内容的主要载体，是理性思维的结晶，透过文字内在的思想与情感传达设计的理念，实现读者与书籍的双向沟通。文字审美形式的构筑在从原始文本转化为书籍整体形态的过程中是重要的环节。形态各异的字体、大小不一的字号、疏密有序的字距和行距、进退不一的文字群、错落有致的空间布局，其实就是一幅抽象的画，使读者感受到起伏和平静交替的流动之美，获得阅读上的愉悦感受。文字形式的构筑与读者能否获取书籍信息有着直接的关系。过小的字距和行距在视觉上具有压抑感，容易造成阅读的混乱，使读者无法清晰获取信息；过于稀疏的字距和行距影响阅读的流畅性，难以连接书籍信息。同时，设计者的情感和审美倾向透过文字形式得以传达。例如，包豪斯的骨骼式文字排列和无装饰字体透露了设计者简约、实用的审美倾向，达达主义无规律、自由化的文字编排形式体现了设计者混乱的情感和改变现存事实的渴望。文字形式的构筑为承载的内容提高了可读性，增强了与读者交流的互动性，也赋予了原始文本资料新的书籍整体形态。

图形是书籍版面构成的主体，可以在第一时间吸引读者的注意力。由于具有有形的轮廓和色彩的感召力等因素，图形往往因主动刺激读者的感官，而成为书籍版面强烈的视觉刺激点。书籍图形的视觉功能是对文字内容的形象解说和补充，其形式美的构筑需要对读者的视觉和心理经验做更深的理解，使之成为书籍整体形态的重要组成部分。通常一个书籍的完整版面包括翻开的两个页面，在设计时必须考虑图形的空间排列在两个页面中的整体视觉效果以及按不同方向翻动时图形可能出现的动感视觉效果。整本书的图形形式设计应该尽量避免千篇一律，千人一面的设计格局容易产生视觉疲劳和呆板的感觉，灵活变化的空间布局易于激发阅读的兴趣；同时应该兼顾视觉的连贯性和跳跃感，营造书籍视觉上的流动之美。

色彩是有情感意义的审美形式。德国艺术理论家阿恩海姆认为色彩能够表现情感，并且认为这是一个无可辩驳的事实。人们对色彩的视觉感受和心理反应会引起关于色彩的联想，从而形成某种思维定式，并赋予色彩丰富的情感意义。例如，红色具有温暖感，常常使人联想到节日的大红灯笼、喜庆的鞭炮等，这种思维的定式在下意识中赋予了红色喜庆、热闹的情感信息；黑色在某种意义上是死亡的象征，因此黑色蕴含着苍凉、悲戚的情感信息。然而，不同的国家、民族和地区甚至是相同文化传承的不同时代，其文化差异也导致色彩的情感意义大为不同。例如，我国历来将黄色视为帝王之色，蕴含华贵、肃穆的情感信息，然而在有些国家中黄色象征着死亡。设计师只有理解色彩的视觉心理特征和情感意义，才能构筑书籍的色彩形态，借此传递文化和情感信息。与图形一样，色彩同样是书籍版面强烈的视觉刺激点，在设计版面色彩时同样要考虑翻开的两个页面的整体视觉效果以及翻动时可能产生的跳跃视觉效果，在保证色彩连贯性的同时兼顾整体有序的灵动美感。在阅读过程中，读者用心灵体会色彩的蕴意，与书籍所表达的内涵产生情感的共鸣。

在视觉艺术语言中，色彩是最具感染力和表现力的语言，所以在创造意境中是至关重要的，它的生动性是不可替代的，如果说封面是书籍的灵魂，那么可以说色彩是这灵魂的神韵。色彩是具有无穷表现力的，在书籍设计中，根据不同的主题内容，通过一系列的色彩构成就能变幻出无穷尽的格调和意境。所以，色彩是现代书籍设计艺术最为重要的手段之一，也是书籍形式取得最佳审美效果的直接原因。在书籍设计艺术创作中，色彩的作用还在于把无情物变成有情物，赋予画面上的所有形象，又如一草一木、一砖一瓦、一滴水、一片石甚至点、线、面以情感，创造出出乎意料，却在情理之中的完美艺术境界，打动读者的心灵。色彩既烘托气氛，又表达情感，并把情感表达推向极致，这是其他视觉艺术语言所不能企及的。除此之外，更为重要的意义还在于它能起到揭示书籍主题内容、表达作品丰富情感、创造深邃意境、彰显书籍灵魂的作用，最终达到立书之意的目的。在书籍设计上，意境的创造对于书稿而言是最好的概括和表达。运用视觉艺术语言创造意境，最有发言权的应首推色彩。色彩在表现意境上具有极强的可视性和可感性，如一部悲剧性文学作品，运用色彩进行搭配组合，就会烘托出悲剧性气氛，使人从封面的色彩上直接感受到悲凉或悲壮的意境；同样一部抒发优美情感的散文或诗歌集，运用色彩就能构成一种令人神清气静、情意悠长、隽永飘逸的优美意境；纵观中外优秀的书籍设计作品，其色彩无不给人留下深刻的印象，以致很久以后，每当人们提起某部书的时候，第一个在脑海中浮现的就是这部书所特有的个性鲜明的色彩面貌。

（三）物化材料和开本造型的构筑

作为物化的读品，书籍是实实在在的信息载体，设计者不仅要思考版面形式构筑的文化意蕴，还应重视材料的触觉表现力和开本形态的理性构筑。通过肌理、触感、翻阅时的声音甚至气味，材料体现出视、触、听、闻、味五感综合的自然美，引起各种不同的视触觉心理感受，强化了书籍的文化气韵。书籍的开本形态将读者引入立体的思维空间，使读者获得诸多愉悦的感受，在书籍营造的三元次艺术空间中逐步感悟书中渗透的主题。

除了使用最为广泛的纸张之外，现代书籍常用的材料还有纺织品、皮革、木材、金属、塑料等。由于这些材料各自具有的物理化学特性会带来不同的视触觉感受，从而引起各种心理反应，因此常见于精装书的封面或封套设计。例如，棉、麻、丝绸等材料的化学结构不同，表面质感亦大相径庭，棉的温暖感、麻的质朴美以及丝绸的高贵感分别可以营造不同的书籍文化氛围；木质材料作为传统书籍材料，则往往象征着古典、粗犷、质朴的艺术风格；皮革本身较为珍贵，又是西方古籍手抄本常用的材料，因此常常演绎华丽、经典的艺术风格。设计者应当充分了解各种材质的语言、表情、性格，把握内容和材料之间的契合度，通过赋予材料恰如其分的形式感展现书籍的自然之美。书籍材料形式的构筑必须与书籍的文本内容结合进行，将书籍设计从二次元的平面构造转化为三次元的有条理构造，只有当材料特有的物质特性和象征意义与人们的审美心理相吻合时，材料这一形式才能真正以新颖的艺术语言整合书籍的形态。

以北京图书出版社 2001 年出版的《赵氏孤儿》一书为例，该书是赠送给法国图书馆和博物馆的国礼书，讲述的故事被称为东方的"王子复仇记"，在法国兴盛一时。设计者充分考察了书稿的设计背景和内容资料，将函套设计成纯东方式的布面贴签形式，书做成双封面的特殊形式，两面均可阅读。一面为中式封面，篆刻了明版的文字，另一面为西式封面，雕刻的是法文译文。该书的材质设计立足于书籍承担的文化交流使命，使用的材料既有中国传统书籍材料木板，又有西方古籍常用的皮革，设计中反复出现的中西方文化元素代表了中西方的文化交融，确是一部书籍设计精品。

书籍的外在造型也即开本形式是书籍设计的第一步。开本形式的构筑直接影响到文本信息的容量、阅读的方便性以及书籍形态的外在感官形式，是非常重要的设计环节。信息容量显然是开本形式的首要制约因素，此外阅读和携带的方便以及不同造型所引发的审美感受也是开本形式构筑所要解决的问题。书籍既然是立体的形态，就必然涉及长、宽、高的比例定位，由于各种造型本身具有不同的美学特征，带来的视觉反应各不相同，因此把握好长、宽、高的比例是设计的重点。以最为常见的方形为例，方形以其较有效的信息容纳量和最经济的材料耗损率成为书籍开本的首选，同时方形开本的书籍还便于携带，方形的形式感较为整齐和稳定。但是，如果随意改变方形的长、宽、高比例，这种整齐和稳定的形式感可能会消失殆尽，造成视觉上的不舒适感。书籍又是沟通读者的桥梁，因此开本形式的构筑要从书籍的功能和读者心理来进行定位。例如，工具书的知识信息量大，因此多会选择经济且容积大的方形开本，同时根据各种工具书的读者定位，也有大开本和小开本之分；典藏类图书出于详尽展现书籍内容并且便于保存和收藏的需要，常常采用大开本，或采用一些古典装订形式体现书籍的高雅品位。

中国的书籍设计艺术有着悠久的历史传统，其深厚的文化底蕴为世界所赞叹。当我们拿到一本形态精美的书籍时，不仅有第一瞬间被吸引的强烈感受，还能够长时间地品味其中的意韵。从感性之美到设计的理性之美，两者相辅相成，正是现代书籍完美的体现。五四运动前后，新文化运动蓬勃发展，书籍设计艺术也进入一个新局面。它打破旧传统，从技术到艺术形式都在为新文化书籍服务，书籍设计领域人才辈出。人们对带有新思想、新观念的书籍设计产生了浓厚的兴趣，更加坚定了对新的美学精神及设计文化的追求与信心，书籍设计的现代审美特征逐渐形成。

随着书籍设计艺术概念的不断完善，书籍设计家也赋予了书籍审美内涵以新的内容，设计师提倡的由装帧向书籍整体设计转换的概念是最具实际意义的。人们意识到书籍艺术本身的含义，不论它的审美内涵如何设计，它传递的是文化，而不是单纯的商品。书籍设计的审美绝非局限于外表包装或内文的简单装饰，而是书籍设计各要素运用独特的艺术语言共同表现出来的，因此书籍审美的设计是书籍信息传达的重要途径，它努力传递给读者一个生动有趣、明了易懂的文化信息，在设计师、作者和读者之间架起一座心灵沟通的桥梁，这是对书卷本质的一种尊重，是书籍文化的一种回归。

中华民族有自己阐释事物的方法，喜欢美好的、寓意祥和的事物，在装帧艺术上反映为许许多多的吉祥纹样、吉祥话语，并且做到"图必有意，意必吉祥"。当代中国的书籍装帧更注重中国传统文化中提倡的神韵。这种对神韵的关注不仅停留在封面上，还体现在整个书籍形态的设计中，注重读者在阅读过程中对神韵的整体感受。湖南美术出版社出版的《湖南民间美术全集——民间绘画》将中国传统的审美元素和文化内涵尽现于书籍之中。从当前国内的一些优秀书装作品中，我们可以看到这些设计越来越重视作品的品位。这种对品位的追求不是传统"灰色"封面的回潮，更不是中庸，而是对中国艺术注重文化内涵、注重修养的继承，既充满生机勃勃的动感，又渗透着深邃的文化修养与人品格调。此外，我们还可以从中体会到设计注重对气韵的感悟。神韵、品位、气韵在当代中国装帧设计中的回归是建立在充分吸收西方装帧艺术形式的基础之上。扬弃了中国传统文化精神中消极、萎靡、保守的方面，融入了西方装帧艺术中强烈的、积极的文化精神，使中国当代书籍设计登上了一个崭新的台阶，也提升了中国书籍设计中审美内涵的重要性。

（四）书籍意蕴之美的构筑

艺术作品的意蕴之美是一种高层次的美感。书籍设计艺术的意蕴之美是书籍艺术作品的"形而上"的神韵之美，它包含着的是那种"言有尽而艺无穷"的意蕴。书籍设计不仅是指技术性操作的装订，还涉及从书芯到外观的一系列设计，把作者的思想及作品的特色通过书籍设计的艺术形式融为一体，还起到辅助书中精神内容得以全面展示的作用。更进一步地说，一本书的创造不仅是本人思想感情的结晶，还包括编辑、设计者、出版者甚至读者为之注入的情感，需要多个不同部门共同参与书籍设计就是要体现知识传播媒体的文化本色。书籍设计的意蕴美同时显现在书籍设计的形式意味上和书籍设计的形象内容中，在书籍的整体形态里，它具体体现在从封面到内文版式，从书脊到封底的所有环节中，它所展示出的超越形与色的精神就是书籍设计的意蕴书籍设计的意蕴还可以说是隐藏在设计艺术形式与内容之间的一种文化内涵。所有的艺术都是一种文化现象，书籍设计艺术也不例外，它更能集中地反映人类各个历史时期、不同国家或民族的物质文化与精神文化状态。在书籍设计中，可以看出作品中闪耀的艺术与哲学的关系、艺术与社会的关系、艺术与科学的关系等。中国的书籍设计似乎更讲究韵为美，这是因为中华民族的审美理想更偏重于艺术作品所蕴含的道德、学识、修养。所以，设计者要加强自身的修养，文化修养越高，设计的作品的意蕴往往就越丰富。书籍设计艺术是一种社会文化活动，它不仅以物质形态出现，还以隐形文化精神出现。书籍设计艺术本身是一种文化媒介，是传承民族文化的重要方式。书籍设计各要素的审美内涵也随着文化的传播而日渐重要。

书籍是人类文明的伟大标志之一，它所肩负的历史使命是继承全人类优秀的科学文化遗产。书籍在反映社会现实和满足人类物质生活需要中起着非常重要的作用。书籍设计艺术在人们的思想沟通和交流中，起着不可低估的重要作用，并且逐渐形成一种新的视觉艺术和视觉文化范畴。随着国际交往的频繁、贸易的发展、科技的进步，书籍设计所肩负的使命必然越来越重。

书籍的审美内涵是重要的，它是解开书籍设计视觉结构的一把钥匙。毫无疑问，好的书籍设计都有好的审美内涵的表现，同时为书籍内容服务，与内容表述有着高度完美的结合。日本著名设计家杉浦康平认为，书籍设计的本质是要体现两个个性：一是作者的个性，二是读者的个性。设计即是在两者之间架起的一座可以相互沟通的桥梁，而书籍富有内涵的审美设计使这两者之间的距离更近了一步。一个好的设计师不但要有较好的美术设计能力和表现能力，而且应该有渊博的知识，有较高的文化素养，博览群书，注意不断吸收前人的经验和知识，只有这样，才能使书籍设计水平不断提高，为我国的文化出版事业做出自己的贡献。

书籍审美内涵还能体现出设计者的世界观、人生观、哲学观。丰富的生活积累是书籍设计的基本前提和保证。著名书籍设计家张守义先生说："各类艺术修养是创造上乘装帧设计作品的基础，这种修养是靠长期锻炼积累的。"成功的作品离不开对生活的体验和积累，这是任何艺术作品的源泉。现代与传统相结合的总倾向，应该成为书籍设计的总体美学指导思想。有了这个根本指导原则，我们对书籍的审美价值的把握就不会出现大的偏差。总之，书籍审美的构建是对书籍美学的追求，是对书籍艺术审美性的追求。对于中国当代书籍设计而言，不但要把民族书籍美学与现代设计传达功能相结合，而且要把传统的设计思想与现代设计理念相结合，进而达到功能与审美、传统与时尚、民族性与时代性的统一，在当今现代设计的带动下，彰显具有中国特色的东方设计文化魅力。吕敬人先生说："最美的书是内容和形式统一、审美和功能统一。"这说明了书籍设计的创新思路。书籍创新的方法是全方位的，是对书籍整体形态的把握。我们要有文化的归属感，创新的方法是挖掘本土文化，发扬传统精神。我们可以抛弃以往一成不变的模式，使书籍在不失掉其本质特征的前提下，尝试多元化的设计。

书籍设计是艺术似乎已不成为问题。实践证明，一件好的书籍设计作品能给人以美感，或典雅端庄，或艳丽飘逸，或豪华精美……美是人们的心理要求：爱美是人们的天性。随着历史的前进、科学技术的发展，书籍审美作为人们的精神生活需要，它的价值日趋突出和重要。因此，随着书籍设计的不断演化，只有努力研究和挖掘中华优秀文化，弘扬中华文化的优良传统才能使我们的书籍设计艺术以顽强的生命力屹立于世界的东方。

三、中国本土文化审美意识的回归

中华民族五千年的文明史孕育了深厚的文化。每个民族的传统文化都是在漫长的历史进程中不断形成和发展起来的，是历史沉积、演变下来的本民族的风俗、思想、制度、伦理道德和生活方式等一切物质和精神文化现象的有机体。它就像滋养了我们的这片广阔的土地一样，有意识、无意识地形成了本民族文化的独特性和大众审美性。同时，中华文化还带有鲜明的地域色彩。对于当代的中国书籍装帧设计者来说，民族特色、地方特色是一座取之不尽的宝藏，值得我们深入挖掘！

21世纪是全球化与民族主义互生共长的时代，东西方都努力在对方的文化中寻找互补有益的因素。技术的进步、媒体业的兴盛及互联网的发展、全球资讯共享使任何新的文化表现形式、艺术形式和观念相互影响。中国的书籍设计艺术在步入一个新的历史阶段，需要更多的理性思维，更强烈的民族责任感，要继承传统并有拓展意识，把新的设计观念融入设计中，不断吸取现代工艺及科技手段，以新颖独特的设计理念阐释信息。近几年，一股泛西方化的设计思维在书籍设计审美表现上愈演愈烈，这不禁让人想到中国书籍设计的发展方向到底在哪里？在吸纳外来文化的同时，引起了设计界对泛西方化倾向的反思。中华民族形成了独特的民族文化传统，书籍设计可以借助自己独特的艺术语言弘扬传统文化的精髓。因此，对民族传统文化的继承是必要的也是必然的。

书籍设计师在这一反思过程中越来越意识到在设计中运用中国视觉元素和文

字的重要性，尊重本民族文化审美习惯的设计，作品中处处体现一股浓郁的中国风。强调中国本土风格并非墨守成规、自我封闭。随着时代的改变，书籍设计要适应今天社会和读者的审美习惯，所以简单的复古不能代表本土化的设计。设计师须不断创意求新，形成既有丰富内涵，又适应市场需求的中国自身独有的书籍审美风格。我们有必要对存在的问题进行深度的文化思考，保持清醒的认识，看到"繁荣后的贫困，喧哗里的单调"。我们的设计不仅要体现完美的构图、和谐的色彩，还要传达出图书的精神品质和意境，最重要的是表现出本民族的文化特质和艺术品位。今天的文化选择决定着中国图书设计文化的未来。

刘东利曾经这样阐述设计："设计就是创新。如果缺少发明，设计就失去价值；如果缺少创造，产品就失去生命。"这与武藏野的"设计是追求新的可能"的观点是一样的。

书籍设计中创新的方式通常是设计师独到的创新思维的完美体现，是在不断地自我否定、不断地突破中提高自己的专业素质，因此在其作品里都体现出每个设计师鲜明的个性以及独特的风格。这些创意和成功的设计作品并不都是偶尔的灵光闪现，而在过长期的观察、积累和体会中组建起来的，这不是模仿也不是随意的拼凑，而是对我们传统文化的继承、借鉴和发扬。

例如，靳埭强先生的设计作品大部分都是水墨元素结合文字设计，但是并不是抄袭古人的水墨山水画，而是通过水墨的形式创新设计，既继承和发扬了我们中国传统水墨的文化，又不断地创新，具有鲜明的个人特色。

齐白石老先生曾说过："学我者活，像我者死。"我们在学习和创作的过程中要学习古人的做事态度并且坚持不懈地探索与创新，不要因循守旧，简单地复制和拼凑，而要传承与发扬传统，并且要与时俱进，这样才是创新。这种行为并不是对传统文化的抨击与否定，而是一种融合新时代特征后的创作。我们在设计书籍的时候，一定要创新、变化，只有创新才能提高设计师自身的专业素质，只有创新才能让每一次的书籍设计作品具有更高的质量，也只有创新的书籍才能吸引读者。同时，只有美而创新的书籍才能更好地传达文化以及提高人类的文化水平，使生活更加美好。

综上所述，书籍是为人民大众传播文化的，除此之外，设计的时候务必考虑到美学在书籍设计中如何运用，因为现在的读者对书籍设计的美的要求越来越高，希望能在书籍中得到有用的文化知识的同时得到美的享受。因此，书籍设计必然需要遵循读者的审美情趣和喜好。设计美学中的色彩美、布局美、创新美都要高度展现出书籍内涵，最后使书籍设计达到最理想的效果。

第五章 现代书籍设计理论和实践现状

第一节 社会经济发展对书籍设计实践的影响

一、多媒体信息传播方式对书籍设计的影响

随着数字化多媒体时代的来临，未来文化信息传播方式将打破"铅字时代"一统天下的格局，人们接收信息的方式将会发生重大的改变。电子读物正是得益于多感官的互动优点才得以广泛普及，而纸媒书籍设计者应充分意识到这一点，争取在设计中最大限度地实现多感官的互动。新科技带来视觉上的变化已经远远超出我们的想象，已经超出纸媒的基本形态，这些变化都会逐渐改变书籍设计原有观念，形成视像的、触感的、嗅觉的、听觉的、互动的多元传播新媒体，这对当今乃至以后的书籍设计者都是一个巨大的挑战。如今，书籍出版业面临着电子媒体的强烈冲击，字、声、像兼具的多媒体挑战来临之时，我们应改变以往书籍设计的单一思维方式，更新观念，为新世纪新时代的读者着想，投身到创造和完善书籍设计新形态的实践中。

由于文化信息传播媒介多样化，这也在很大程度上影响书籍设计风格的改变。设计的风格将会在某种程度上减弱传统"铅印书"的"书卷气"。而增强商业气息将会运用原始的设计元素——点、线、面，进行更加简洁、更加实用、更加时尚的搭配和组合，发挥形、色、图的功能以满足这一媒体传播对象的审美需求。这时形成的书籍已成为三维或者多维的，有声音、触觉及嗅觉体现的全方位的艺术作品。

二、印刷工艺和造纸技术的发展对书籍设计的影响

迅猛发展的科学技术在今天已渗透到书籍设计领域，无论是设计思维、创作手段，还是各种材料和印刷工艺，都要体现出艺术与技术的统一。谈到印刷工艺，现在的工艺水平已发展到趋于成熟的阶段，业界现在流行的特种印刷工艺包括：金银版、压印、模切、烫金银、压纹、香味印刷等。这些工艺的应用客观上实现了书籍的个性化，增加了传达书籍设计内涵的表现手段。在这方面，欧洲和日本在进行书籍艺术创作时运用的工艺手段充分表现出他们发达的工业文明在出版行业上的"成熟"，对于欧洲来说，这种"成熟"首先表现在书籍整体印刷水平的精湛。它们在普遍使用上述特种印刷工艺的同时，运用各种颜色的电化铝，配以起鼓工艺，以及运用带有追求华丽倾向的金银色，体现出"巴洛克"及"罗可可"艺术对欧洲书籍设计风格的影响，他们表现出注重"美"与"实用"双重性的文化精神。相对来说，日本的书籍设计风格体现出东方式的思维方式，较主观与含蓄，注重设计的饱满与细腻，同时表现出一定的琐碎与匠气，对我国当代书籍设计观念有着深远的影响。

再说到纸张，纸张是一种沟通的载体，各种纸中隐含着变化无穷的肌理，纸张纹路的长短、粗细、弯曲、垂直、平行、波动等种种形态的组合排列，均会使人体会到动与静、强与弱、快与慢、外在与内在的对比变化及节奏起伏，纸张成为设计师的作品能够自由施展的天地。图书需要读者翻阅，手摸眼视心读，设计纸张的合理选择可以充分发挥"没有文字的语言，不需要图像的绘画"之功效，从而使书籍的知识性和艺术性的传递密切结合。这对设计风格的体现有着显著的增值作用。

可以说，纸张材料和印刷工艺本身就是求精设计的一个重要部分，在现代以至未来的设计中起着举足轻重的作用。目前，有些出版单位从降低成本、节约资金角度考虑，选择廉价的纸张和一般的印刷厂，既忽视设计者的设计意图，又不追求成书后的销售效果，其实这是一个极大的失误。只有兼顾成本和市场，才有最佳的发展前景。当然这也不是说印刷越高档，成书后效果就一定好，有些利用廉价材料和印刷达到理想的实例也不少。

三、国际文化信息的交流促进书籍设计风格的发展

我国加强了对外文化交流，国外的先进技术的引入有助于我国书籍行业的进一步规范化和国际化。在这种大背景下，书籍出版者必然会对新出版的书籍在设计上有了更加专业的要求，对书籍的设计风格有了足够的重视，这对我国的书籍

设计业来说既是机遇又是挑战，各种思想理念和表现形式将会层出不穷，从而造成设计风格的多元化。长期下去，将会促进我国出版事业的繁荣。

"世界最美的书"是由德国图书艺术基金会主办的评选活动，距今已有近百年历史，代表了当今世界书籍艺术设计的最高荣誉，评委会由来自德国、英国、瑞士、荷兰、罗马尼亚等国的著名书籍艺术家、专家组成。

每年一届的"世界最美的书"共评选包括"金字母"奖一名、金奖一名、银奖两名、铜奖五名、荣誉奖五名，共计14种获奖图书。这些获奖图书都会在当年的莱比锡书展和法兰克福书展与读者见面，并在世界各地巡展。

四、成熟的读者造就成熟的设计

不同阶层、不同文化背景、不同行业、不同品位和需求的读者，客观上需要书的种类分类明细、丰富。这使出版单位对出版的书籍要求更加专业化、多元化。体现在书籍设计上，便促进了书籍设计风格多样化的发展，正所谓"成熟的读者造就成熟的设计"。

行业的规范化运作和书籍销售的激烈竞争迫使每个出版商必须明确自身的市场定位，进而促进书籍设计风格的多样性和独特性，同时使各种风格流派相互吸纳，相互渗透。

五、新环境下书籍设计行业的工作模式及其发展趋势

出版行业大环境的改变迫使设计行业内部也有明确的分工和市场定位。针对不同属性和用途的书籍设计工作室的竞争局面形成，这种组合形式将更好地与不同出版单位合作，这也需要每个工作室必须有其独特的设计风格以适应某种特定属性的书籍。这样的组合使设计工作者的服务更加专业化，也更能推动书籍设计水平的整体提高！

书籍设计工作室的出现是社会分工的结果，更是体制改变的原因，在过去计划经济体制中，出版社只有美术编辑专门负责书籍的设计工作，由于行政管制繁多，为了完成设计任务，需要花许多精力进行人事协调，协调不成就妥协，创造性思维逐渐被消磨掉。又由于旧体制缺乏竞争意识，设计师没有积极性，只安于现状，放弃对艺术的执着追求，这就很可能使这家出版社的出版物永远就只有一种"风格"，毫无生气。在新的市场经济体制下，走出出版社成立的工作室机制采取双向选择模式，出版单位认同谁的设计风格就找谁做，设计师可以接受也可以拒绝，压力迫使设计师必须吸取各方面的资源，在激烈的竞争下求生存，求发展。目前，这种工作室在北京就有100多家，如"吕敬人书籍设计工作室""吴勇书籍设计工作

室"等，各工作室带有各自对书籍艺术不同角度的理解，具备不同的艺术气质，呈现出书籍设计艺术"百花齐放"之面貌，也是未来书籍设计发展的必然趋势。

　　书籍设计工作室的发展方兴未艾，既面临机遇又面临压力，要想有一个美好的前景，就必须不断突破自我，革新创作风格，要长期着眼于自身擅长类型书籍的设计定位，并在数字化、工艺水平、读者欣赏口味变化等多方面进行研究和拓展。

第二节　现代书籍设计理论与实践现状

一、多维空间理论与书籍设计实践

　　多维化空间的书籍设计是把多维空间的理念引入书籍设计研究中，以书籍设计形态为切入点，结合平面设计和书籍设计相关理论，探讨书籍设计的多维空间营造的方法和规律。现代的书籍设计不再仅仅局限于简单的外表包装，而是发展为以书籍形态为载体，从书芯到外观的 360° 全方位整体视觉形象设计，从内容到形式，从结构到形态，从平面印制空间到立体构造空间，从生产到销售的全方位展示空间的整体设计。可以看出，"多维化空间"已成为现代书籍设计观念体系中的一个重要维度。

（一）书籍设计的多维空间理论

　　书籍的多维空间理论认为，书籍设计空间形态的层次主要分为二维印制空间、三维构造空间、多维动态空间和立体展示空间。书籍设计的二维印制空间主要指书籍设计的视觉表现力和可阅读性，包括书籍的文字、色彩、图案等要素，是书籍设计构成的基本要素；三维构造空间指书籍设计的实体构造，是书籍设计的物化过程；书籍设计的展示空间是指书籍作为信息传递的实体，需要一定的空间展示和传播；书籍设计的多维动态空间是表达书和人的交互过程，给人以空间感。书籍设计的这四个层次空间是相辅相成、相互联系的，它们共同构成了书籍设计的多维化空间形态。

　　1.二维印制空间形态

　　书籍设计的二维印制空间是构成书籍的可以印刷的表面纸张空间，其平面的各个元素通过印刷在版面上能够展现出多维空间形态。从书籍中的封面、环衬和扉页以及正文来看，它们具有相对的独立性，可以把它们看作以单独的平面存在形态。这些平面上的文字、图形、色彩等视觉元素通过编排能够产生多维空间感，但这种多维空间感并不是真实的空间，而是一种立体的感觉空间。书籍设计的二维印制空间形态把空间和时间并置在一个画面上，这种构造形式可以称为表现空间和时间的艺术，也可以称为一维的、二维的乃至四维的创造在平面上的思维艺术。这种艺术通过人的思维聚合与离散，在二维印制空间上创造出了空间和时间的整合。设计师利用这些视觉信息之间的二维印制空间构成了一种动态的多维化空间形态，这些空间关系形态突破了以往的常规形态，变成了多层次、多角度并能充分展现书籍设计的内涵，给读者带来不同的心理感受的空间形态。

2. 三维构造空间形态

一切造型活动均是以形态的形式存在着。书籍设计作为一项信息传达的设计活动，其形态无论是外部造型还是内部结构，都蕴含着空间感。书籍的整体设计就是二维空间向多维空间的过渡，通俗地说，就是印有文字、图案、色彩的具有二维平面特征的单个纸张经过一定规律的折叠使纸张的形态演变成具有一定空间的立体形态。当我们把书本竖在桌上时，可以清晰地观察到，书是以书脊为中心，封面与封底左右对称，勒口向内略折，这种外形使书的空间与外界有了明显的分隔。翻阅时，经过装订后的一张张内文呈现弧度展开，形成了独立的书籍空间，可以说这种空间的层次由书本身营造。

3. 多维动态空间形态

阅读的过程是动态的，把时间形态这一概念引入书籍设计的空间，为探索书籍运动过程中的形态变化提供了新的参考。日本书籍设计师杉浦康平对书籍的动态理解是这样的："当我们拿起一本书的时候，用指头翻开书页，这时书的流动便随着阅读的速度而展开，阅读的速度又因读者心情、目的以及书的内容不同而发生微妙的变化。同时，流动还带动几个感官诱导出读者的触觉、嗅觉、听觉、味觉以及最重要的视觉五种感觉的增强。"从中可以借鉴到，从书籍的整体形态来看，书籍的封面、环衬、扉页、目录都有着自己相对独立的空间，这些空间按照一定顺序而组成了书籍的整体形态，可以说书籍是静止的，但从书籍传递着时间流及读者翻阅角度来看，它又具有时间性的多维空间实体等典型动态特征。阅读行为本身是一种动态的过程，由于阅读过程中的书籍内外变动形态都属于书籍形态的范畴，所以把抽取、打开、翻阅等动作与书籍本身的视觉形式发生联系。因此，书籍设计多维化空间的个性不仅表现为静态的图文视觉形式，还融入书籍的使用过程中，并时时直接与读者的阅读行为产生着互动。

4. 立体展示空间形态

众所周知，书籍是信息传递的实体。日本平面设计大师杉浦康平在其《造型的诞生》中讲到，"一本书不是停滞在某一凝固时间静止的生命，而应该是构造和指引周围环境有生气的元素"。从其角度观察，书籍设计是一门蕴含着"构造学"，且处于环境之中，并与周围环境产生着密切关系的艺术。通过其间的构造及密切关系，可以看出书籍设计与周围环境处于一个整体的系统中，所以对于书籍的设计应该有系统设计的思想。

（二）书籍设计的多维空间理论实践现状

所有的设计活动无一避免的都具有物性特征，也就是说要受到特定物质条件的限制，设计是设计人员依靠对其有用的、现实的材料和工具，在意识与想象的深刻作用下，受惠于当时的科学技术而进行的创造。设计总是受着生产技术发展的影响，技术形成了包围设计者的环境，无论哪个时代的设计和艺术都根植于当时的社会生活。随着技法、材料、工具等的变化，技术对设计创造产生着直接影响。书籍材料和书籍设计工艺的革新从各自的角度促进着书籍设计的提升，读者的需求也在鞭策着书籍材料与印刷工艺的进步。加之电脑技术和电子媒介推广的日趋成熟，书籍设计表现出前所未有的自由化和多元化，为多维化空间的表达和展示提供了更加有力的技术层面的支持。

1. 现状一：书籍设计承载材料的多变

书籍的材料是书籍得以传承和延续文化精神的物质基础，在这个基础之上，书籍的内容才得以将精神实质物化到实实在在的书籍上。为了使书籍整体设计的各个环节能完整表现出来，设计者在进行书籍设计时就应当全面了解各种材料的特性以及视觉、触觉的感受，根据书籍内容的精神实质对材料进行多样化的组合，最终在设计作品中做到和谐统一。在书籍设计发展的大趋势下，不断尝试新材料、新工艺是一个设计者应有的态度，当我们怀着一种审美态度和开拓精神对待各种材料，将其特性更好地在书籍设计中发扬光大的时候，就为更准确地解读书籍设计中的材料之美奠定了基础。

书籍的材料自古以来是随着社会技术变革而不断变化着。在纸张发明之前，书籍的材质有很多种：古埃及人用纸沙草；古印度人用贝树叶；古巴比伦人用泥砖；古罗马人用蜡版；欧洲人用亚细亚人制作的小山羊皮；中国则用甲骨、石头、竹木、棉帛。直到中国的造纸术发明之后，书籍材质的选择才定格到纸张上。纸质材料的使用经过了很长一段时间，到近现代才随着材料技术的革新，书籍的材料开始出现多样化的特点。法国设计师艾立基姆指出："20世纪末期是设计开始沸腾的高潮，材质的混合运用及变化是一种充满惊喜的新经验。"尤其是现代书籍设计发展到今天，对材料的选取更是呈现出多元化的趋势，书籍设计运用现代工业材料进行雕饰制作已经越来越被接受和认可。日本设计家原研哉在《设计中的设计》中说："今天，纸已经不再是媒介的主角。书籍作为信息的一种载体，确实已经有点过时了，又重又厚，而且容易变脏也容易风化。"可见，单一的纸质材料已经不能满足现代的书籍设计了，而更多的材料，如金属、木材、塑料、石材、织物以及PVC等特种材料已经在当今书籍设计中崭露头角。由于不同的材质产生不同的质感和空间感，带给读者的感受也不相同，各种感受交织在一起，达到身体和思想的共融，使阅读行为充满了新奇和愉悦。所以，在书籍设计中恰当地运用材料能够赋予书籍以全新的生命力。

下表5-1和表5-2是对几种有代表性的书籍材料的物理特性分析。

表5-1　书籍设计纸张类材料

材料	特性	人的感觉特性
新闻纸	质地柔软，富有弹性，吸墨与吸水性强，网点扩大值高，但图片印刷质量差，多应用于报纸印刷	柔软富有张力的纸张让读者体会到舒适的感受
书写纸	是一种消费量很大的文化用纸，书写纸较新闻纸好些，色泽洁白、两面平滑、质地紧密、书写时不洇水，可以四色印刷	在原本偏黄的纸张上，四色印刷给人感觉怀旧、纯朴，视觉效果好
轻质纸	和书写纸相似，但纸张较轻	手感轻软，方便携带
哑粉纸	正式名称为无光铜版纸，在日光下观察，与铜版纸相比，不太反光。哑粉纸有较强的吸水性，油墨的吸附力很强，色彩较再生纸艳些，多用于画册、图册中	质感较好
铜版纸	表面有光泽，洁白，印刷可以达到精细、光洁的亮点效果，呈现的图片层次丰富、色彩艳丽，这种图片的还原力强，多应用于宣传册、图册等以图片为主的印刷品中	质地厚重，使人感觉自然、朴实
合成纸	采用化学原料与添加剂制作而成，质地较柔软，防水性好，耐光耐冷热，被广泛应用于高级艺术品、地图、画册等印刷品中	手感柔软
特种纸	包括各种花色纸，如有肌理的纸、金属质感的纸等，是相对普通、常用纸而言，体现了现代造纸的先进技术水平	这种纸张具有与众不同的特点和魅力，它能给读者带来一种独特的视觉和触觉感受

表5-2　书籍设计其他类材料

材料	特性	人的感觉特性
纺织品	接近人类肌肤的一种材料	给人一种古典、怀旧的感觉，具有浓浓的西方情调
皮质	是精装书籍常用的封面材料	给人一种严肃的感觉，极富现代感
木材	是人们使用的最古老的一种造型材料，质地松软容易加工，表面具有天然的优美纹理	具有亲切感，疏密变化的纹理还能产生一定的节奏感和韵律感
PVC	材料透明、手感光滑、工艺简单、效果良好	给人一种奇妙的心理感受，具有轻盈感和张力感
金属	坚硬、富丽的特殊质感，具有很强的肌理感	给人坚硬、沉稳和冷漠之感，金、银、铂的色泽还能使人产生富贵感
高科技材料	全新概念的、高分子的、合成的材料，该材料可以将普通的平面照片转化成层次分明、立体多变的精彩画面，通过拍摄技术和数字化处理，形成具有视觉冲击力的多维立体图像	视觉变化丰富，画面感强烈

　　现代材料在书籍设计上的应用给读者带来了更多意想不到的惊喜，针对书籍设计多维化空间的表现方面更是达到了前所未有的效果和感受。但是书籍设计中材料的运用，要先充分考虑到所使用的各种材料的特性，以及不同材料带给人们不同的感受，恰当采用同书籍情感相符的材料，这样书籍设计才能达到良好的效果。另外，我们在书籍设计中要谨慎地看待材料的应用，不能滥用材料，要尊重书籍设计的原则，力求体现书籍设计的内涵。

　　2. 现状二：书籍设计制作工艺的创新

　　随着装订设备及书籍材料的更新换代，书刊的装订加工技术有了很大程度的提高。书籍设计对印后加工的概念也随之发生了改变。书籍的整体设计要充分考虑到从印前设计、印刷到印后加工工艺的各个环节，而印后加工工艺却是最终成书质量的决定性因素。把握住印刷及印后加工的制作工艺，将国内外的好的工艺运用到书籍设计中，应当首先从了解各种加工工艺入手。比如，书籍封面局部的上光技术、封面装饰烫金和烫银工艺、镭射金属膜、荧光色、压凹凸、热压磨砂、擦金边、滴塑等工艺目前就已经广泛地运用到了书籍印刷与制作上。另外，充分运用各种装订形式，在设计以外的环节为书籍设计增光添彩。这些制作工艺的运用给传统的书籍设计带来了一些新奇的立体效果，给书籍设计多维化的发展打开了很大的空间。再加上对新型材质和印刷制作的配合运用，书籍设计多维化空间形态的发展有了进一步的提高，设计出来的书籍作品给人以极大的视觉、触觉和心理满足感。

总之，现代社会印刷工艺的不断发展和进步给书籍设计多维化空间形态表现提供了丰富多样的表达语言，产生了多维化的视觉效果，增强了书籍设计的艺术魅力。

3. 现状三：书籍形态的多元化

随着多媒体技术的发展与应用，现代印刷类的书籍不再是信息传播的唯一媒介。典型的电子书就是信息的传播和电子媒介紧密结合的结果，它的出现拓展了人们的阅读方式。与传统书籍相比，电子书籍的设计法则就其自身的特点有了新的设计任务，它已经免去了对纸张、印刷、装订和材料的设计需求，但诸如封面设计、版式设计、色彩设计、文字设计还是需要保留。它具备信息量大、承载信息类型丰富、传播范围广等特点，具有良好的交互性，易分类检索，可靠性强，制作发行成本低。电子书籍作为书籍与新兴媒介交融的产物，给书籍设计多维化空间形态的研究提供了很好的平台条件。

二、生态设计理论与实践现状

（一）生态设计理论与实践现状

人类生态意识的萌生具有悠久的历史，早在我国古代朴素的哲学思想中就有所体现。在科技高度发展的现代社会，对于人与自然的关系依然效仿于古代生态理念。生态设计理论正是以生态观念为价值取向而形成的审美意识，它体现了人对自然的依存和人与自然的生命关联。

书籍设计的生态美主要体现在两个方面：一方面是在提出设计理念时把生态理念融入其中；另一方面是在进行设计实践时将生态观念运用其中，如环保的材料、纸张、印刷原料的应用。书卷气的体现一直是传统书籍设计所推崇的书籍之美。有人认为在书籍设计中，由于对书籍形态的探索，书籍的书卷之美似乎被消减了。其实不然，正是由于书籍设计的多维性，隐匿其中的书卷之美才会有更多的可能性与延展性。

如果把一本富有艺术表现力的书籍设计作品比喻成一个人，那么形式美是躯干，功能美是血肉，技术美是外衣，艺术美是灵魂，而生态美则是生命力。因此，在书籍设计中，这五种美缺一不可，相辅相成，只有这样才能构成书籍设计全新的、独特的、完整的美。

（1）注重生态美学。生态美学把生态元素加入传统审美艺术中。阅读环境营造更加注重生态自然美，不刻意描绘，突出简洁、淳朴。同时，它要求遵循生态自然规律，基于审美规则，通过技术手段改造加工出版物，实现自然、人文、艺术有机结合，用人工方式呈现生态美。它倡导人工绿色环保媒介应当融入书籍文化内涵，让人感受到的并非一时视觉刺激，而是长时间停留在人们心里的快乐享受，带给人们持续的精神愉悦。

（2）倡导节约。把资源循环利用理念融入生态化书籍设计中，这是实现现代设计可持续发展的必由之路，也体现了生态化书籍设计的本质。基于生态理念进行书籍设计，不断丰富书籍装帧设计内涵，改变原来单一消费的资源利用模式，实现循环再利用，促进出版业走可持续发展道路。

（3）适度消费。作为一项重要文化消费，书籍设计为我们提供了良好的阅读环境，虽然书籍装帧设计的目的在于带给读者舒适的阅读体验，但是要重视适度消费理念，提倡节俭生活，避免铺张浪费。人类生产活动、消费活动不能超出资源环境承受范围，应该坚持走可持续发展道路，搞好生态文明建设，树立正确的价值理念。

（二）书籍生态设计理论的实践现状

进入 21 世纪以来，保护生态环境、实现可持续发展已经成为人类面临的首要问题。现阶段，设计领域也开始把关注焦点集中到生态设计上。同样的情况也出现在书籍装帧设计上，由此引发的各种环境问题、社会问题都是人们迫切需要解决的。在装帧设计过程中，太过注重使用新技术、新材料，而忽视文化内涵价值，没有考虑到人与自然和谐发展，造成资源大量消耗，出版成本提高，出版效率降低，读者经济负担增加。

美国设计理论家维克多·帕帕奈克于 20 世纪 60 年代末发表其著作《为真实的世界设计》，这本书在当时引起强烈反响。他认为，设计过程中必须要考虑到资源有限问题，设计应当服务于环境保护。在当时，很少有人支持这一观点。然而到了 20 世纪 70 年代，人类面临全球性资源危机，帕帕奈克的"资源有限论"才被人们广泛认可。自此，很多人都开始逐渐关注绿色设计理念。

日本设计大师原研哉在他的著作《设计中的设计》中谈到了"RE-DESIGN"，也就是再次设计。其内在追求在于回到原点，重新审视我们周围的设计，以最为平易近人的方式，探索设计的本质。这也是生态设计理念的核心，通过改变思维方式实现循环利用。降低油墨使用量，防止造成环境污染，很多书籍都是采用白色，这也能够体现出日本文化特色。此外，日本书籍设计家杉浦康平也指出：书籍是一种生命，即强调关注书籍设计中的各个环节，正是在这种情况下诞生了书籍再生设计。

最近几年，我国越来越重视环境资源问题。2006年，新闻出版总署下发文件《关于禁止出版发行"黄金书"等包装奢华、定价昂贵图书的通知》。同时，我国著名书籍设计家吕敬人指出，现阶段，我国书籍装帧存在很多问题。最近几年，一些装帧低俗、过于追求形式的书籍开始进入图书市场。因此，怎样解决该问题是我们当前面临的主要课题。

三、交互数字媒体理论与实践现状

在如今这个信息大爆炸的社会，网络与电子商务在极速发展，电子书籍开始慢慢地出现在人们的生活中，新技术、新媒介的迅速发展必将深刻影响人们的阅读方式和习惯。而阅读方式的改变带来的必然是设计思维、设计模式、设计方法的变革。用传统的版面设计思维解决新媒体书籍设计的问题，显然已力不从心。不同传播介质给书籍带来的不仅是视觉革新，更是阅读行为和体验的革新。以传统纸质媒体的电子版替代新媒体读物显然不符合事物发展规律，也无法满足读者的需求。要创造新媒体的书籍形态，须以读者需求为目标，以读者行为为中心，以信息内容为基本元素。以读者行为为中心的交互设计模式，将取代传统信息传达设计模式成为数字交互书籍设计的中心思想。

纸质书籍设计从装帧到版面都是在书籍形态既定模式的基础上，依据内容设计视觉要素的，而新媒体书籍没有既定形态，其设计不是对现有形态的改造，没有固定模式，印刷书籍的数字版本不能完全代表数字书籍的全部，更不能作为形式要素加以改造。数字书籍的形态除了受新媒体和移动网络技术影响外，更取决于读者的交互行为。数字书籍除具有信息传达功能外，更多应发挥交互平台的作用，不仅仅是人机交互，也是人与书、书与人、书与书、人与人的交互平台。从书籍内容、形式、浏览软件，到检索、下载、安装、支付、阅读方式、阅读行为、阅读节奏、书签、批注、分享、评论、相关信息推送、读者群等服务，都是数字交互书籍的组成部分。如何把这些和书籍内容有机结合，同时发挥多媒体设备和移动网络的优势，更好地为读者提供阅读体验，是作者、设计师、计算机网络工程师共同的任务。

当前流行的 App 读物是数字交互书籍的新亮点，把数字交互书籍设计成应用程序，方便读者购买和下载，也兼具互动阅读等功能。以《男人装》为例，其App程序在应用商店里可直接被搜索和下载，电子版内容和纸质杂志形式完全不同，根据不同版块内容组织安排信息，且将信息以摘要和全文模式逐级显示，图片、文字、动画适度安排，免费与付费内容也较自然地融合一处，方便读者选择付费深入阅读，分享和评论通过链接新浪微博、微信、E-mail实现，简洁明了。此外，以互动绘本形式出现的App以游戏设计的交互手法，将书籍内容绘制成交互插画，形式新颖有趣，适合以绘图为主的电子书籍。更多的杂志、报纸选择搭载阅读平台，如苹果iBook、亚马孙Kindle或其他阅读平台，进行纸质内容电子化或电子版书籍的下载和阅读。这种方式对出版方、读者都很方便，但往往形式单一，缺乏更为丰富的阅读体验，千篇一律，无法吸引读者或满足不同读者的不同阅读需求，更无法发挥新媒体的阅读体验优势。

书籍的交互式设计是在新媒体的发展过程中形成的新的传播方式。"交互体验"成了21世纪最流行的广告语。书籍也正在与非物质化的，即精神的东西较量。书籍不会轻易消失，但未来的书籍是什么样的，人们将怎样进行阅读，如何将新媒介在传播上所具有的优势与传统媒介的自身优势相结合？这些值得每个设计者进行认真思考。交互式书籍设计为书籍设计提供了一种新的设计角度。由于人们认为传统书籍仅是一种储存信息的容器，因此书的主要功能是阅读功能，设计师对书籍的设计便停留在对书的美化与装饰上。交互式书籍的设计目的在于为人与书之间建立一种新的沟通渠道，使书籍与人之间形成一种对话模式，信息不再是从书单向传递给读者，而是通过读者的参与，共同进行信息交流。将交互设计理念与传统书籍设计方法相结合是一种创新与尝试。交互式书籍设计是传统印刷物在新媒体时代的背景下，拓展自身边界的一种尝试，当书籍拥有交互特性之后，书籍将显现出不同以往的新功能。

第六章　书籍设计领域导入马尔库塞美学思想的意义与现实性

第一节　马尔库塞美学思想对现代书籍设计的意义

一、书籍设计的现代审美观

现代人的审美观不断改变，读者的审美需求也在不断发展，书籍包装设计要传达大量的艺术信息（包括具象的和抽象的），就必须强调直观感。

在如今读者的意识发生很大变化的环境中，必须重视现代人的审美要求，现代科学的发展、对外政策的开放以及物质生活的变化，它必然会影响到精神生活和审美观念。人的生活、智慧、思想、感情是复杂的，因此审美需求也是多方面的。书籍设计要体现强烈的时代精神，设计师必须根据人们的审美需求，将传统与现代相统一，进行书籍设计，从而充分展现书籍设计艺术的无穷魅力和生命活力。

（一）书籍设计的时代性

如今，人的求新心理更为强烈、普遍，因此吸引读者的书籍包装就得不断更新，这里既有主观方面的心理因素，也有客观方面的时代因素。随着工业的发展、时代的进步，新事物层出不穷。新的替代旧的已成为时代发展的必然趋势，"新"的概念深入人心，这也是人类生活在日新月异的现实世界中产生的必然要求。

审美观念的改变比较明显地表现在比例美的转移，如黄金律的电影银幕渐被宽银幕和中银幕所替代，十二开本的期刊比十六开本的似乎新颖些，这些改变使我们感到比较舒适新颖，现代书籍设计也有较多的正方形及平均分割的构图及画面，说明现代的比例要求已不满足于黄金分割，转而发展为一种平均分割，以使人感到愉快满足。现代分割十分强调平均性和相似性，这是现代精神的一种体现。

表现在造型艺术中，其是力量和矛盾的相等，或相互支配，或相互抗拒。

日本商业美术家龟仓雄策在视觉传达设计上很有成就，他的作品不但显示了日本过去的传统美学精华，而且倾向于今天和未来。他打破了日本设计界的一种倾向，即一味追求西方的时髦而忽视了本民族的特征。龟仓雄策的作品中包含着优美的日本传统风格，且大都以现代感的艺术手法来表现。他在一款化纤产品样本封面设计将一个囧（jiong）形图案印在画面上。囧形图案原是我国彩陶纺轮上的图案，在一个圆形里面安置三条涡线，用流畅的线型组成的双关图案，每条线都是共同线，这种图案巧妙地与化纤机械的流动感、速度感结合起来，本身就有一种和谐的美。

（二）传统与现代的统一

传统与现代从表面上的对立、矛盾转向本质的统一与联系是一个质的跨越。千篇一律、千人一面的书籍形态，经过一场书籍设计的革命洗礼后，继承和发扬了中华民族所特有的优秀传统文化精神和民族性格的内在实质，修正转衍，融入西方书籍设计中强烈的、积极的文化精神，这就是传统书卷与现代书籍形态相融合的探索过程。我们必须树立一种全球意识，以健康、开放、自信、高调的眼光来审视我们的传统文化以及人类共同的精神财富，以独立有效的文化方略，积极主动地参与世界的对话，这才是我们的选择。

著名书籍设计师吕敬人先生的书籍形态设计在注重本土特色的基础之上创造性地再现传统文化精神，更有效地转化为现代人的表现性符号。其作品《子夜·手迹本》设计中注入传统与现代的兼容意识，借鉴传统文人的形态设计理念，封面书函的造型、设色、用材均力图突破传统书籍装帧的固有模式，创新中蕴含着浓郁的文化意味，是从传统书籍形态演化为现代作品的成功之作。

中国的传统艺术精妙绝伦且深不可测，诸如汉字、书法、传统绘画等。吕敬人先生设计的《子夜》作品中，就对中国书法作为签本符号的考究和内文版式文武线的演化运用，甚至于书脊裸露锁线的构思以及全函的皮带相连等进行了细致入微的巧妙设计，使形式、内容相得益彰，为融合传统与现代、东方与西方的设计实践积累了经验。传统是发展的，古人为我们今人传递传统，今人则为后人创造传统。

我们不断地从纸堆寻找民族的特征，力图使书籍设计充分发挥民族特色，这是因为作为审美意识集中体现的艺术能否反映出审美理想上的民族特性，是关系到这种艺术是否具有独特性、审美能力和艺术生命力的重要问题。从设计的观念上看，东西方的书籍设计与他们自身的书籍艺术发展史和历史渊源不无关系。不同的文化、不同的生活方式所形成的不同的审美观同样影响着各自书籍的艺术风格。

设计师应从书中挖掘其深刻的含义，寻觅主题旋律，铺垫节奏起伏，用知性设置表达全书内涵的各类高设计要素，准确把握设计语言，从而达到传统书卷和现代书籍的完美结合。通过准确而具有想象力的设计语言演出一部流动的、活性化的"戏剧"。《周易》说："天地不交而万物不兴，天地交而万物通。"我们应该用运动的观点去回顾过去的模式，发挥自己的想象力。

研究和探讨传统文化精神是为了更好地服务现在和未来，更好地以现代的设计理念和表现手法切实推进我国现代书籍设计的发展。我们要用客观理性的认识和发展的眼光来看待自己民族的传统文化。只有经过本土文化土壤的滋养，充分利用本土文化资源，通过对深邃的本民族精神的继承，吸取西方现代设计意识与方法，才能创造出新的既符合时代要求又具有民族精神的书籍形态设计的理念与实践体系。这是中国书籍设计的必经之路。

（三）书籍设计艺术的创造性

书籍若想保持它的竞销优势就离不开它的内在品质和外在包装，前者是使用价值的必要功能，后者是艺术价值的欣赏作用，这是内涵和外在的相辅相成。书籍设计在服务读者的关系上是从属性的，但就一件优秀的设计作品而言，却有它单独存在的价值，第一印象非常重要，它可以吸引读者的注意，产生一定的购买欲。因此，书籍设计师应不断创造新的样式，赋予书籍时代美感和无穷的生命活力。有人说这种设计是超现实主义的，不拘什么主义，探索和求新对书籍设计艺术的多样化总是有意义的。

谈到创造，要把独到的艺术语言运用在设计上，这要靠构思，有了巧妙的构思，才能从容地表现，把构思比作设计的灵魂是言之有理的。缺乏设计的巧妙构思，画得再复杂，只能是平庸，格调不高。所以，评价一件设计作品是否成功，并非看它是否画多了，是否涂满了，而是要看功夫是否用在刀刃上。言贵简，画贵精，这个精字是指有的放矢。我们不能脱离书籍的内在本质，片面地追求"豪华"的包装设计。借题发挥很重要，但要看设计是否切题，如果缺少分析，往往吃力不讨好。

书籍设计的个性化只有做到别开生面，有自己的长相，才有活力。设计要符合喜新的心理，只有不断创出新意，设计才能有强大的生命力。

二、马尔库塞美学思想对现代书籍设计艺术的意义

马尔库塞美学思想强调形式是艺术的本体所在，是艺术之为艺术的本质特征。

他指出，形式是使艺术作品独一无二、经久不衰的具有同一性的关键，正是借由这种形式，艺术才为琐碎繁杂的机械化生活展示了更真实、更美好的东西，以满足日常生活中无法满足的需求。将其论点放在现代化大生产的时代背景之下，放置于特定的艺术领域之中来考察，我们仍能体会他的理论影响深度。马尔库塞认为一件制品之所以能成为艺术品，是因为它蕴含着艺术的同一实体，只要不可替代的审美形式依然存在，它所特有的艺术品性就不会衰减，即使接受全新的阐释、编排甚至是复制，也能够在实质上被称为艺术品。在全球信息共享时代，书籍设计存在着快速、准确传递信息与保有书籍独立艺术价值之间的矛盾，一方面是传统功能性的延续，一方面是艺术价值的构筑，两者缺一不可。在现代社会快餐式的艺术文化潮流中，如何使书籍作品具有独一无二、经世不衰的艺术性以及相当的文化价值，进而能够在社会进步的潮流中实现书籍自身推进现实的社会潜能，马尔库塞的审美哲学以其独特的视角和鲜明的批判性为现代书籍艺术的发展提供了一些可能的方向。马尔库塞审美哲学对现代书籍设计艺术的影响主要体现在以下几点。

（一）书籍设计不能摒弃特有的艺术形式

马尔库塞认为"摒弃审美形式就是放弃责任，它使艺术丧失掉形式本身，而艺术正是依赖此形式，在现存现实中创建出另外一个现实"❶。根据马尔库塞的这一观点，我们可以做出如下推断：通过美的规律重新组合经验素材、整合新的形态，可以使书籍展示的文化空间从社会现实中分离出来，拓展了主体对客观事物的思维和感知能力，因此现代书籍设计不能摒弃特有的艺术形式。这一观点可以通过现代书籍发展历程中艺术风格的变化得以证明。现代书籍设计历经一百多年的发展，从工艺美术运动推崇的艺术与生活相融合的设计原则，到展现人类情感的德国表现主义书籍设计；从追求精神宣泄的达达书籍设计风格，到具有革新意义并成为现代书籍艺术起点的俄罗斯构成主义运动；从强调版面理性特征的包豪斯风格书籍设计，到重视心理审美要求的后现代设计风格；从书籍的普遍形式到极限抽象意境的概念书籍的流行，现代书籍设计已不再局限于传达信息功能，更是一种造型艺术——通过对书籍形式元素的雕刻成就书籍艺术品位。书籍设计不仅是为了展现内容，还可以作为一件艺术品来欣赏和收藏，是具有独立艺术价值的实体存在。过去那些只关注书籍内容而忽视书籍形式，或是认为形式只是内容附庸的观点，在现代书籍设计实务中渐渐显露出观点片面和落后的弊端。

---

❶ ［美］赫伯特·马尔库塞.审美之维［M］.桂林：广西师范大学出版社，2001.

著者曾于 2005 年 11 月参加了广州首届中国书籍设计家论坛，与会的嘉宾均为国内书籍设计界知名设计家和学者，其中北京印刷学院的韩济平教授展示的一套书籍设计作品令人印象深刻。这套书名为《男》《女》的作品，以"男""女"二字作为封面的设计主体，设计风格极其简练。让人匪夷所思的是整套书没有书稿内容，也就是说书籍的文字阅读功能被极度简化了，但这并不意味着这件作品毫无意韵。通过纯粹的形式化操作，设计者试图传递这样一种理念：书籍的形态是可以完全脱离固有的模式，只为表达自我而存在的。

　　2016 年在上海展览中心举办的上海书展的著者也有幸观摩，在书展一馆一间名为"理想书房"的展厅里展出了 20 余本"中国最美的书"，用它们形态各异、大胆独创、特立独行的美向往来的书籍爱好者述说一篇篇不同的故事。"它们陈列在那里，就像几十位温文尔雅的中国君子。"担任过"中国最美的书"评选项目评委、设计师吕敬人如此评说，"当前中国书籍的外在与西方书籍较大不同之处在于，我们的整体气质是内敛含蓄的，是领略式的，是温、良、恭、俭、让的，试图引起人的共鸣。西方则更强调人为设计元素的运用，以夺人眼目。""对自然的热爱，是东西方最美书籍传达的共同理念"。

　　书籍设计将不仅是为文字做嫁衣，还是某种独立价值观、审美观的物化体现；书籍设计为书籍的文化内容增添了某种附加值，具有美化生活甚至推动社会发展的作用。书籍功能上的这种转变得益于书籍在艺术价值上的突破，而书籍的艺术价值正是通过其形式来表现的，因此，现代书籍设计不能摒弃特有的艺术形式。

（二）书籍设计应与文化变迁的方向一致

　　哲学对于一般学科的意义在于其能够从本质上引发一般学科对于未来发展的思考。我们从马尔库塞的审美哲学理论中，从其强调艺术形式与社会现实具有不可割裂之关系的论断中，可以形成一个清晰的概念，即书籍设计应与文化变迁的方向一致，这是由书籍艺术具有的时代特质所决定的。从现代书籍设计发展的历史中我们可以清晰地看到，书籍设计潮流是随着文化的变迁而不断变化着的，而且这种休戚与共的状态仍会延续下去。

　　一战结束后，随着战时管制和贫困的终结，西方世界蔓延着一种欣悦的颓废和渴望奢华的情绪，随之而来的经济大萧条使人们对未来无比迷茫，这样的经济文化状况自然影响到书籍设计的风格，表现为立体主义、未来主义等现代艺术风格的盛行。此后，经历了二战和二战重建时期，一直到现在，从民族风格的兴起到"反文化"浪潮的席卷再到关注人文环境观念的蔓延，社会经济、政治、文化层面上的变迁都导致了各种艺术潮流的变化。

书籍既是由人创作的也是为人所用的艺术品。从设计者的角度看，书籍作品是设计者价值观和审美观的综合表现，而这些都带有特定的社会、文化、经济烙印，亦会随着文化的变迁步伐而变化；从阅读者的角度看，书籍作品唯有传达时代的经济、文化信息，体现人文情感的关怀，方能吸引读者。从长远唯来看，书籍的宏观意象和微观细节都将构成我们的传统，延续我们的历史。

（三）书籍设计应体现书籍艺术之变革功能

马尔库塞相信，异在性是艺术创作的根本。任何艺术样式，无论是空间艺术还是时间艺术，以致文字艺术，都是对异在性的实现和成全，是在一个世界里创造另一个世界，这个世界是独立的。虽然这个世界来源于现实世界，但是在这个世界形成后就是独立而自足的。

关于艺术疏离现实的异在性质，除了他的美学专著《审美之维》外，马尔库塞在《单向度的人：发达工业社会意识形态研究》中也进行了详细论述。在《单向度的人：发达工业社会意识形态研究》里，他着力批判资本主义后工业社会，认为这是失去批判性思维的单维的社会。这个社会里的文学艺术失去了其原有的本质，这个本质在古典主义文学里、在西方高级文化中，甚至在 19 世纪自由资本主义阶段的资产阶级文学里，表现的是建立一个与实业秩序不妥协的对抗着的另一维度。实业秩序是现实世界和统治着现实世界的施行原则，如政治制度、生产关系和宗教思想等。这些东西虽在特定历史阶段会有所区别，但都在维护现实社会的统治。这些东西存在于文学艺术中，经常成为被否定、被批判的对象，因为文学艺术要展现的是与现实相对抗的一个世界，因而其一定否定现存世界的统治秩序。马尔库塞认为，在文学中，这一维度并不表现在精神、宗教、道德英雄中，而是表现在艺术家、奸细、妓女、凶犯和被遗弃者、反抗诗人、魔鬼、勇士、愚顽者这些人身上——即那些挣不到钱，至少不能稳定挣到钱的人身上。

艺术的另一维度所展现的是通过艺术形象来完成的，这些艺术形象通常是被现实秩序照顾不周的人，由于他们或者蔑视现实秩序，或者在现实世界里生活不好，他们产生了对现实的不满，他们是现实世界的异在者，这就是他们被否定现实的艺术所看中的理由。通过这些艺术形象，文学表达出对现实的反抗和不满，展现出它的另一维度：对立于现实，异在于现实。马尔库塞相信这个维度是艺术的真正本质，是艺术的真理。艺术异在化的传统意向确实是浪漫的，因为它们在美学上与发展着的社会誓不两立，这种对立即它们的真理之象征。艺术至上作为一种否定的理论才发挥其魅力。它只有在否证和拒绝现存秩序，才能叙说它自身的语言。所以，艺术在根本上就是要与现实对抗，异在者与它誓不两立，否定甚至倾覆它。

为什么说异在性是艺术的内在本质？马尔库塞把这个问题追溯到古希腊。他在早期的美学论文《文化的肯定性质》里阐述了哲学和现实世界的分裂"有用的、必然的东西，与美的、愉快的东西分开后"，哲学的原始使命（指导现实世界的使命）就被肢解掉。亚里士多德在《政治学》里，将知识分为必然的、有用的一方面（生活）和审美的一方面（哲学）。马尔库塞相信在这样划分后，实存的操作世界就逐渐与审美世界分裂了，最高尚的德行、最崇高的真理以及最悦人的愉快这些构成人类真正内涵的东西从就与人类生存所必需的东西根本上被一道鸿沟分割开来了，它们也成了一种奢侈。高于现实的审美世界只有为数很少的阶层可以进入，其他人则都将生命耗费在为生活所必需的劳动方面，在现存世界中，审美于是成为一种超越现实的精神活动，成为一种奢华。在柏拉图眼里，哲学与商业化的雅典的社会秩序是相对立的，这种辩证的思维要求从理念的知识中所获得的真理去改造物质世界。

也就是说，理念应为现实提供一种更美好的可能，以作用于社会，促进现存世界向更美的可能性发展。但作为改造世界的利器的理念到了亚里士多德那失去了效力，观念论的历史也成为它逐渐与既存秩序握手言和的历史。

马尔库塞美学思想中最鲜明的特色是社会批判性和革命性，最终目的是凭借审美形式来否定和超越现实并以此构建理想的艺术空间。这一理论或许带有乌托邦色彩，但马尔库塞始终将艺术置于社会大舞台的框架之中，强调艺术的变革功能的论点，不仅继承了马克思主义美学的传统，还对经典马克思主义美学进行了重新阐述，具有一定的理论先进性。根据马尔库塞的观点，艺术具有颠覆社会现实的功能，在这里著者姑且不讨论这是否属于艺术至上论，从历史事实的角度就足以证明艺术确实在某些特定历史时刻推动了社会的变革。那么，具体到书籍设计领域，我们也可以通过分析书籍设计在历史进程中的文化现象，来说明书籍设计艺术确实具有变革的功能。著者在研究书籍设计现状和马尔库塞的美学思想的同时，试图找寻将两者结合的、适用于设计实践的新思路，并做出关于现代书籍设计发展的假设，也就是书籍形式元素与文化内涵的隐性构造应体现书籍艺术的变革功能。

信息时代的书籍设计强调信息传递的最大效率，在这种快餐式的文化潮流中，书籍的变革功能或许被弱化了，许多设计者完全忽视了这一点，但这并不说明现代书籍设计艺术不具有推动文明进程的作用，相反，这一作用会随着时代的发展表现得越来越强烈。书籍既然是一种具有独立艺术价值的实体，就必然具有美化生活、涤荡人们心灵、拓展人们的思维和感知的功能，必然承载着超越现实的社会作用，这种作用的实现是缓慢而深刻的。设计师应当理解书籍的历史使命，通过对形式美的把握，使其具有高于现实的艺术空间，并通过与社会主体——人的互动交流，实现书籍艺术的变革功能。

第二节　马尔库塞美学理论对书籍设计艺术理论的渗透

　　20世纪的西方学术史如果没有法兰克福学派的贡献，那就不是一部完整的学术史。同样，在法兰克福学派的功劳簿上，如果忽视马尔库塞的理论贡献，那就也是残缺不全的。马尔库塞由艺术形式切入对西方发达工业社会所做出的总体批判，从艺术与审美走向个体解放与人类美好未来的伟大设想，在今天看来，仍然显示出这位天才思想家炽热的生命激情与对人类未来命运深切的关注和关怀。不管他人怎样以"现实的无用"来指责马尔库塞的美学乃至他的整个运思，或依旧带着一种科学的实证思维来审视马尔库塞，这些都不会使作为伟大思想家的马尔库塞稍有逊色。从马尔库塞身上，我们感受到了一个人文知识分子的学术良知和富有生命质感的学术追求。

　　马尔库塞认为，审美形式总是在现存的经验和灵感世界中，通过赋予现实材料新的秩序，对给定内容进行组合、调整，赋予主题、风格和技法界限和框架，并赋予它们新的价值，使艺术从无序混乱的"风格化"成为一个有序的自足整体。书籍设计是一项立体的思考活动，封面、护封、书脊、环衬、扉页、序言、目录、正文、页码、图像等审美形式的构筑赋予书籍的原始文本资料新的秩序，使之转化为完整、有序的书籍形态，并传达一定的思想内容和情感因素。书籍设计的审美形式不仅为书籍的文化载体特性提供了存在的根基，增加了书籍的附加值，也架起了书籍与读者交流的桥梁。意味深远的内容、有趣的形态、生动的图像、有节奏的空间布局、触感丰富的纸张等各种元素相互交融，造就一本完美的书，使读者在翻阅过程中体会到流动的美。我国书籍设计大师吕敬人先生认为，书籍"近乎是一出有声有色的有生命的戏剧，是在构筑感动读者的桥梁"。书籍审美形式的构筑有两个重要内容，即书籍的版面艺术形式构筑和物化书籍的纸材工艺形式构筑。读者从有序组构的书籍版面形式中获取主要的视觉审美感知，纸材工艺为物化书籍增添了多元的视触觉感受，完成了书籍形态的整体构筑。

一、书籍人文气韵"风格化"的构筑

　　马尔库塞认为，艺术与现实以及人类活动的其他成果相区别的根本特质在于艺术的审美形式，艺术的社会政治潜能必须借助艺术的审美形式得以实现。他所

提出的"审美形式"是指"和谐、节奏、对比诸性质的总体，它使作品成为一个自足的整体，具有自身的结构和秩序（风格）"❶。主题、风格、技法、规则不可逆反的序列，如故事叙述的方式，诗文内容的结构和活力，点、线、色的内在关联等，都是审美形式的内容，它总是在现存的经验和灵感世界中给这些主题、风格、技法以界限和框架，并赋予它们新的价值。艺术的审美形式通过赋予现实材料新的秩序，对给定内容进行组合、调整，使之从无序混乱的"风格化"成为一个有序的自足整体，艺术因此有了自身的空间和结局。同时，艺术的审美形式通过新颖的语言、色彩等，造成日常意义的颠倒，打破习以为常的感知和理解的定式，让人们从自然习俗的断裂中警醒，从而享受于崭新的生存维度中。艺术依靠审美形式区分于现实，这种形式抵御着既成现实的侵蚀，同时对抗着技术理性的泛滥，因此艺术无法抛弃其审美形式，否则，艺术将满足于既成现实，进而丧失艺术的本性。

（一）书籍二维空间"风格化"的构筑

书籍版面的设计范畴包括封面版面以及内文版面。每一个版面都可以看作是一件平面的艺术作品，文字、图形、色彩是书籍版面设计的基本要素，共同构成书籍的版面信息，也是书籍设计的核心。受书籍的特定性制约，版面设计的形式美更多地倾向于秩序化、逻辑的美，如文字的大小疏密、图形层次分明的布局、富有韵律感的色彩运用等体现的是规范化的视觉美感。

文字是书籍内容的主要载体，是理性思维的结晶，透过文字形式内在的思想与情感，传达设计的理念，实现读者与书籍的沟通。文字审美形式的构筑在从原始文本转化为书籍整体形态的过程中是重要的环节。形态各异的字体、大小不一的字号、疏密有序的字距和行距、进退不一的文字群、错落有致的空间布局其实就是一幅抽象的画，使读者感受到起伏、平静交替的流动之美，带来阅读上的愉悦感受。文字形式的构筑与读者能否获取书籍信息有着直接的关系。过小的字距和行距在视觉上具有压抑感，容易造成阅读的混乱，使读者无法清楚地获取信息；过于稀疏的字距和行距影响阅读的流畅性，难以连接书籍信息。同时，设计者的情感和审美倾向透过文字形式得以传达。包豪斯的骨骼式文字排列和无装饰字体透露设计者简约、实用的审美倾向；达达主义无规律、自由化的文字编排形式体现了设计者混乱的情感和改变现实的渴望。文字形式的构筑提高了所承载的内容的可读性，增强了与读者交流的互动性，也赋予了原始文本资料新的书籍整体形态。

---

❶ ［美］赫伯特·马尔库塞.审美之维[M].桂林：广西师范大学出版社，2001：141.

图形是书籍版面构成的主体，在第一时间吸引读者的注意力。由于具有有形的轮廓和色彩的感召力等因素，图形往往能够刺激读者的感官，成为书籍版面强烈的视觉刺激点。书籍图形的视觉功能是对文字内容的形象解说和补充，其形式美的构筑需要对读者的视觉和心理经验做更深的理解，使之成为书籍整体形态重要的组成部分。通常一个书籍的完整版面包括翻开的两个页面，在设计时必须考虑图形的空间排列在两个页面中的整体视觉效果以及按不同方向翻动时图形可能出现的动感视觉效果。整本书的图形形式设计应该尽量避免千篇一律，千人一面的设计格局容易产生视觉疲劳和呆板的感觉，灵活变化的空间布局易于激发阅读的兴趣；同时应该兼顾视觉的连贯性和跳跃感，营造书籍视觉上的流动之美。

色彩是有情感意义的审美形式。德国艺术理论家阿恩海姆认为色彩能够表现情感，并且认为这是一个无可辩驳的事实。人们对色彩的视觉感受和心理反应会引起关于色彩的联想，从而形成某种思维定式，并赋予色彩丰富的情感意义。唯有理解色彩的视觉心理特征和情感意义，才能构筑书籍的色彩形态，借此传递文化和情感信息。与图形一样，色彩同样是书籍版面强烈的视觉刺激点，在设计版面色彩时同样要考虑翻开的两个页面的整体视觉效果，以及翻动时可能产生的跳跃视觉效果，在保证色彩连贯性的同时兼顾整体有序的灵动美感。在阅读过程中，读者用心灵体会色彩的蕴意，与书籍表达的内涵产生情感的共鸣，恰当到位的色彩运用对读者来说是一次美感的体验。

（二）书籍多维空间"风格化"的构筑

作为物化的读品，书籍是实实在在的信息载体，设计者不仅要思考版面形式构筑的文化意境，还应重视材料的触觉表现力和开本形态的理性构筑。通过肌理、触感、翻阅时的声音甚至气味，材料体现出视、触、听、闻、味五感综合的自然美，引起各种不同的视触觉心理感受，从而强化书籍的文化气韵。书籍的开本形态将读者引入立体的思维空间，使读者获得诸多愉悦的感受，在书籍营造的三次元艺术空间中逐步感悟书中渗透的主题。

除了使用最为广泛的纸张之外，现代书籍常用的材料还有纺织品、皮革、木材、金属、塑料等。由于这些材料各自具有不同的物理化学特性，会带来不同的视触觉感受，从而引起各种心理反应，因此常见于精装书的封面或封套设计。例如，棉、麻、丝绸等材料的化学结构不同，表面质感亦大相径庭，棉的温暖感、麻的质朴美以及丝绸的高贵感分别可以演绎不同的书籍文化氛围；木质材料作为传统书籍材料，则往往象征着古典、粗犷、质朴的艺术风格；皮革本身较为珍贵，又是西方古籍手抄本常用的材料，因此常常演绎华丽、经典的艺术风格。设计者应充分了解各种材质的语言、表情、性格，把握内容和材料之间的契合度，通过赋予材料恰如其分的形式感展现书籍的自然之美。书籍材料形式的构筑必须与书籍的文本内容结合进行，将书籍设计从二次元的平面构造转化为三次元的有条理构造，只有当材料特有的物质特性和象征意义与人们的审美心理相吻合时，材料这一形式才能真正以新颖的艺术语言整合书籍的形态。

　　书籍的外在造型（也即开本形式）是书籍设计的第一步。开本形式的构筑直接影响到文本信息的容量、阅读的方便性以及书籍形态的外在感官形式，是非常重要的设计环节。信息容量显然是开本形式的首要制约因素，此外，阅读和携带的方便以及不同造型引发的审美感受也是开本形式构筑要解决的问题。书籍既然是立体的形态，就必然涉及长、宽、高的比例定位，由于各种造型本身具有不同的美学特征，带来的视觉反应各不相同，因此，把握好长、宽、高的比例是设计的重点。以最常见的方形为例，方形以其较有效的信息容纳量和最经济的材料耗损率成为书籍开本的首选，同时方形开本的书籍便于携带，其形式感较为整齐和稳定。但是，如果随意改变方形的长、宽、高比例，那么这种整齐和稳定的形式感可能会消失殆尽，造成视觉上的不舒适感。书籍是沟通读者的桥梁，因此，开本形式的构筑要从书籍的功能和读者心理进行定位。例如，由于工具书知识信息量大，因此多会选择经济且容积大的方形开本，同时根据各种工具书的读者定位，也有大开本和小开本之分；典藏类图书出于详尽展现书籍内容并且便于保存和收藏的需要，常常采用大开本，或采用一些古典装订形式体现书籍的高雅品位。

　　书籍设计有两个重要的形态转化过程，即由原始资料转化为文本形态以及书籍整体形态的过程。文本经过理性的逻辑分析由原来的文献资料转化为书籍内容，设计形式经过精心的构筑由原本相互独立的个体转化为书籍形态的整体，两种形态角色的转换实现了信息内容的传递。书籍设计实际上就是将各种视觉元素形式附着于文本内容之上的过程，这一过程的实现依赖于设计主体的思维意识（图6-1）。书籍设计是人与人、人与书之间关系的构筑，只有对这些相互关系的理解做到真正意义上的深刻，使书籍艺术形式传递的信息与人的心理需求相符，在平静和谐的人文关怀中塑造全新的生活体验，这种感性和理性的结合才能真正体现设计的价值。

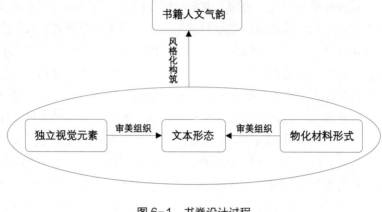

图 6-1　书脊设计过程

在研究书籍设计艺术与马尔库塞美学思想之逻辑关联之后我们不难发现，马尔库塞美学思想对书籍整体设计理念的支撑是较为全面的。马尔库塞始终置身于现实社会大舞台的角度构建艺术的审美之维，关注审美形式"风格化"的过程以及人的"新感性"的塑造，这些观点对书籍整体美的构建具有十分重要的借鉴意义。21 世纪的今天，书籍出版业正在遭受来自电子媒体的强烈冲击，这既是一种考验也是一个机遇，设计者应改变单一的思维方式，勇于创造书籍的各种新颖形态，从展现书籍的时代感、个性化以及在设计中体现无微不至的人文关怀入手，构建现代书籍的整体美。

二、书籍设计对人类精神与文化的传承作用

（一）"新感性"思想的基本内容

在马尔库塞 1969 年出版的《论解放》一书中，他提出了一种"活的"感性，即"新感性"的概念。在他看来，"新感性"包含了政治因素，它是一种实实在在的政治实践和政治解放。他认为，要推翻当前过分压抑人的不合理社会，传统的政治革命或斗争已无济于事了。因为，迄今为止，在西方发达资本主义社会发生过的政治斗争、政治运动和政治革命没有一次是完全成功的，这些运动和斗争仅仅是加重了科学技术理性对人的感性的压抑，仅仅是加重了人的异化而已。为了摆脱科学技术理性对人的新感性，就是指能超越抑制性理论的界限，形成和谐的感性和理性的新关系的感性。它是与旧感性相对立的，旧感性是受理性压抑的感性，是丧失了自由的感性，新感性则是在审美和艺术活动中造就的、彻底摆脱了旧感性的完全自由的感性，是人的原始本能得以解放的感性。它"表现着生命本

能对攻击性和罪恶的超升，它将在社会的范围内，孕育出充满生命的需求，以消除不公正和苦难；它将构织'生活标准'向更岛水平的进化"。新感性的基本特征是广义的非暴虐，它反对现代文明的贫困、苦役、剥削、攻击性，为满足压抑的、求而改变自然以及令人难熬的枯燥等现象，它赞颂人的游戏、安宁、美丽、接受性质。只有通过这些性质，人际关系和人对自然的关系才会平静、和谐。新感性预示着一个崭新的前景；不再有压抑，也不再有暴虐。为了克服人类遭受的越来越严重的异化，也为了避免历史轮回的再次上演，马尔库塞提出了新的也是他认为的在西方发达工业社会唯一可行的办法，即从人的自身意识深处出发，进行一场持久的、深刻的感性革命，直至培育出人的一种"活的""新感性"为止。为此，马尔库塞号召人们"要与被这个世界定向的感性决裂"。

马尔库塞认为，"新感性"是不受科学技术理性统治、与传统感性不一样的感性，"新感性"是能够真正摆脱发达工业社会一切宣传、灌输、操纵和控制的感性，现实世界是一个到处都充满着压抑性"权力"的世界，马尔库塞用弗洛伊德理论考察这一切，认为现代文明对人的最大伤害就在于对人的本能的压抑。马尔库塞还认为，弗洛伊德的本能理论是他讨论人类进步的理论基础。有机体的两种本能——爱欲与死欲，只要处于非控制状态，它们就不可能适合社会的需要。在马尔库塞看来，死本能在既有社会中的攻击性力量已经被整合掉了，成为服务于文明的力量。破坏的本能力量得到了释放，而爱欲受到了压抑。因此，马尔库塞要做的就是使"爱欲"得到解放，实现一种"非压抑性升华"。同时，"新感性"作为对抗现实的一个维度，它还将是生活于西方世界的人通向革命、自由和解放的重要路径。在西方发达资本主义国家，如果具备了"新感性"的人团结起来，形成一个新的对抗现实社会的历史主体，那么要建立一个没有压迫的新世界是完全可能的。

1. "新感性"以想象力为基本动力

为了实现社会的真正变革，为了摆脱发达工业社会对人的过分压抑和控制，马尔库塞批判地吸收了弗洛伊德的本能理论。马尔库塞强调指出，在西方发达资本主义社会，只有彻底地废除了科学技术理性对人的感性的统治，使感性彻底摆脱科学技术理性的过分压抑，使快乐原则从现实原则的压迫中彻底解脱出来，才能最终实现人的真正解放。

不过，马尔库塞也认识到，要想完全摆脱现实原则和科学技术理性的统治又不现实的，好在想象力在意识领域内"不受现实的检验，因而只从属于快乐原则"（弗洛伊德语），好在想象力保护了受科学技术理性压抑的、人与自然要求全面实现的欲望。马尔库塞据此提出了一种新的感性，这种"新感性"以想象力为基本动力，以快乐原则为支配准则，以爱欲作为自己存在的本质，以实现人的彻底解放作为其最终目标。

2."新感性"是一种"理智"的感性

在西方发达工业社会，人们只是规规矩矩地按照工具理性的"规范"意识操作和生活，并没有按照他们自己的本性感受和理解事物。因此在工具主义的规范和操控下，人变成了"单向度的人"，社会变成了"单向度的社会"。马尔库塞据此提出了他的"新感性"思想：这种"新感性"将致力于使人的感性不再遭受科学技术理性的过分压抑，这种"新感性"还将以新的面貌出现协调感性与理性，使感性与理性达到新的和解关系，从而实现塑造完整"新人"的目标。接下来，这些具备了"新感性"的人将以新的眼光考察现实、修正发达工业社会中不合理的现行机制，建立起一个不受科学技术压抑和控制的新型世界，真正实现人与人、人与物和人与自然关系的和谐。

"新感性"是感受与理智会合的中介，是能够实现感性与理性和谐统一关系的"新感性"。在审美想象中，先验的感性直觉（孕育着"新感性"的感性知觉）为审美活动、生活世界的客观秩序提供了普遍有效和适用的两大原则——"无目的的合目的性"和"无规律的合规律性"，它们既界定了美的结构，又界定了自由的结构；它们既高扬了在自由游戏中人和自然释放出的潜能，又阻隔和悬置了理性对物的遮蔽和对心的禁锢；它们既促成了想象和知性的和解，又实现了人与自然的和谐相处；它们既促成了自然与自由、快感与道德的相互沟通与结合，又实现了感性与理性的新的和谐统一。这就是说，马尔库塞的"新感性"思想不是为了割裂感性与理性的内在联系，而是为了真正实现感性与理性的和解，为了真正扭转现实生活中科学技术理性过分压抑人感性的局面。

3."新感性"最终导向"自然的解放"

马尔库塞1972年出版的《反革命和造反》一书中提到了感性的自然解放问题。他把"个人的解放"归结为"自然的解放"，并从两个方面进行了论述：一是解放属于人的自然，即人的本性；二是解放外部的自然界，即人的生存环境。在他看来，在西方发达工业社会，无论是属于人的自然，还是人的外部自然界，都屈从于资本主义技术合理性的要求而处于异化状态，这种"自然的解放"可以通过"新感性"对社会的重建，即通过对"人与人""人与物"和"人与自然之间的新型关系"的重建摆脱异化状态。只有新感性才能摒弃资本主义的工具主义理性摆脱攻击性的获取，竞争和防御性的占有框架，而通过"对自然的人的占有"发挥人的创造性和审美等能力。

就属于人的自然看，发达资本主义社会操纵了植根于人的感性冲动和感性需要的攻击性，使人的感性丧失了它本应具有的颠覆和破坏西方发达工业社会的潜力，变成了一种对发达资本主义社会科学技术理性的顺从意识；就人的外部自然界看，在西方发达资本主义国家，人与自然的斗争产生的矛盾已经空前尖锐化了，但这种日趋尖锐化的矛盾根本无从解决，由于发达资本主义国家在实现本国经济发展的同时，难以避免或摆脱对自然界的破坏性滥用，而这种对自然界的统治和破坏性滥用又增强了对人的统治。西方社会对自然界的控制造成了自然界的异化，而这种异化了的自然界又阻碍了人的爱欲的宣泄和满足，"缩小了人的生活世界"，妨碍了人对生活环境，尤其是对自然界的"爱欲式的占有和改变"，这也是造成西方发达工业社会中人的感性受到压抑的一个因素。马尔库塞据此坚信：为了实现对西方发达工业社会科学技术理性的反抗，为了重建人与人、人与物、人与自然的和谐关系，人们需要摆脱工具主义理性对人的总体控制，需要确保科学技术进步的成果摆脱那种基于对自然界进行残暴掠夺的破坏性滥用，更需要通过艺术审美培养人的"新感性"。

（二）书籍设计对人类精神与文化的传承作用

中华民族历经数千年发展至今，创造和积累了底蕴深厚、博大精深的历史文化，形成了自成一体的东方美学体系，其造型艺术有着深邃的美学思想和独到的表现规律，对平面设计有着深刻的启迪和借鉴作用。面对丰厚的民族文化资源，就书籍设计而言，如何多层次、多角度地认识其思想内容和外在特征，特别是民族传统文化对生命力、象征性和意象化三方面的表达，对准确地进行民族化语言表现，对保证在越来越强势的技术表现手段面前不迷失方向，对在越来越强势的外来文化面前不迷失自己，都有决定性的意义。

1.绵延不息的生命力

根据造型对象的要求，从民族文化出发，赋予造物对象以生命力，这是我国传统艺术的显著特点之一。面对艺术作品的精妙，传统的评论往往是"栩栩如生""气韵生动"和"有气有呼吸"等这一类词语，这都说明了生命力在作品中的体现。这种重视生命表现的美学思想，往往强调生命和本能在作品中的主导地位，用对生命力的含蓄、间接的表现和变化多端的生命体验代替对真实空间的再现和世间万物的描摹。因此，在古代造型艺术的指导观念中，用生命代替空间，用绵延不息代替凝固不止，就蕴含了现代艺术的审美价值。同时，它也符合人们对世界运动变化的基本认识，反对一切机械的、空间化或情境再现的东西，力图让生命直觉从空间化的迷途中回归到纯粹的生命绵延，回到生命的产生—发展—绵延不绝的存续状态。这正是从对自然的认识转移到对人类自身的认识，也正是从对外部世界的关注转移到对生命本体的关注，这都是与西方造型艺术重视客观再现和强调实证实验不同的地方。溯古追源，如果考虑到从半坡时代的舞蹈纹开始就体现的手工味和生命力，考虑到古代哲学和先秦诸子思想影响下体现的艺术中人类奋斗的精神，我们就能较为深刻地了解古代造物美学思想中的内在意蕴，也可以真正地把握中华民族艺术开启的、由空间化的审美取向转向生命力表现转换和突破所具有的现实意义。

这种表现与在现代艺术设计中进行的、通过从具体向抽象的转换而实现生命力表现的突破有着异曲同工之妙，而且更为强调连续不断的连贯性。例如，长沙马王堆的人物帛画强调生命的轮回和生命的绵延，赋予作品很强的生命力。正是因为通过对无限生命延续实现对有限生命存在的关注，抽象地体现在艺术的本质表现之中，这就被认为是审美和艺术中最高层次和本质的形式，也许是最现代的形式。更进一步说，这是表现生命自身的形式。因此，纵观仰韶文化中的彩陶或是西班牙的卡米拉岩画，图形作为人类内心世界的外在符号，它也是原始的、属于生命直觉本身的形式。通过图形或是视觉信息来表现生命的蓬勃发展和绵延不息，也唯有表达其不息的生命力和连贯的动势，才是传统艺术应该表达和能够表达的。同样，处于绵延中、变动不止的生命被投射到平面的虚拟空间和二维世界（如画面），也是其内在生命的一种体现。或奋斗不止，或昂扬向上，或散淡闲适，种种生命态度构成波浪形渐进的生命轨迹。另外，从中国美术史可以知道，中国的传统艺术不强调对世间一事一物一瞬间的再现，而更重视整体地、全境地把握生命事物的发展和更宏观的"场"或世界，即多样的组合、人与物的和谐，每一次这样的图式创造都是自然生命的一次展现和延续。当然，生命的每一瞬间都是绝对不同和不可重复的。因此，我们有理由认为，中华民族传统艺术就是通过对更多的生命力不断地延续人类本身和天赋的生命力特质，通过艺术散发和传递生命绵延不息的信息，通过艺术创造表现我们内在的生命序列。

因此，也可以说，传统艺术能够廓清我们与"现实"之间的障碍，使我们本质地看人类世界四周的一切，诗意地观察自然，使灵魂得到净化，文化艺术的传承也就体现了人类生命的绵延不绝，有限的生命在强大的自然界面不断新陈代谢和花开花落，通过艺术载体让生命得到了永恒。纵观人类的历史和所有文化的东西，都是这一深具创造力的生命在有限的自然寿命中不断地累积的。没有这一动力，人类的历史和其他一切都是不可设想的。在中国传统历史看来，在绵延不绝的历史发展中起关键作用的，并不是某种物质，而是一种不断挑战极限的生命力，是"天地人"三要素中最主动的人的永恒的生命、行动和自由，是一种生命的冲动，也是无休止的创造。所有的艺术也都扎根于此，大部分的艺术是让观众感觉到自己仿佛看到了一种给予自己生命的幻象，由此而产生了光明、心听神迷和物我两忘的心灵欢乐。

传统绘画的"卧游"、书法强调的律动和"心灵轨迹"，都是冀求捕获或表现一些生命内在的特质或运动轨迹，创作者通过一种共鸣将自己和观众纳入这些运动符号之中。有意思的是，艺术与生命相关联，但艺术不等同于生命和生活本身，艺术源自生活关联，却又因其从中提炼出人类生命力的迹象而高于生活关联。从传统画论看，艺术是艺术家"外师造化""中得心源"创造出来的，是从生活世界与我们的意志、旨趣的关联中抽出来的，是一种艺术真实。艺术使人类通过情感体验重新审视生命绵延的价值，也使人领悟神秘的生命力启示。这些都可以从远古时期的岩画，如广西宁明附近的花山岩画、宁夏银川附近的贺兰山岩画中得到证实。

中国传统艺术正是从人的全部身心发展出发，从人的心灵世界出发，去发展作为主体的人是怎样感受和体验世界的，怎样从个体、断点的人发展为群体的、动态绵延的人类。如此这般地理解绵延生命力在艺术形式中的表现。

2. 持续不变的象征性

中华民族的传统造型艺术不但历史悠久，而且历代传承，显示出鲜明的本土特色。特别是在历史文化薪火相传的过程中，具有本土文化特征的象征性贯穿始终，并随着社会进程不断加强。这或许与国人重祖传、重礼制的传统观念有关。更令人费解的是，沧海桑田，时光流逝，可是某些特定象征和含义几乎是数千年不变，且与之相关的装饰或造型思维也就得以世代流传。最常见的如庙宇的样式和剪纸的样式，数千年流传至今，仍是变化不大的样式。如果稍加留意就会发现，现在全国各地新建筑的庙宇还是红墙黄瓦的老样子！在近代社会发生巨大变革以及现代工业文明对传统文化产生巨大冲击之下，人们的观念和社会环境都发生了很大变化，可是造型艺术中的象征文化仍生机勃勃。据此可见，象征不但是中华民族造型艺术的重要特征之一，而且是使之长期传承，并能保持原汁原味的本土特色的要素之一。

象征一直是本土造型艺术的表现母题。与西方海洋文明的拓展性、掠夺性相比，中华文明更显示了大陆文明的稳定性和因袭性，也更为含蓄内敛。故我国传统文化是"讲究"和"凡事有出处"，赋予了象征更丰富的使用含义。从定义上看，象征往往使用特定的事物或形象，暗示另一个形象或某种特殊意义。展开来说，就是经过多年的应用时间后，在约定俗成的前提下，特定象征物与象征意义的联结或关联逐渐成为一个民族的集体意识渗透到文化的各个方面。

如果我们联系20世纪法国象征主义先驱瓦雷尔在下文对象征的有关描述，则更容易对这一内容进行透彻地理解。古希腊把象征作为记忆的片段。主人给来访的客人以"结识纪念品",把纪念品的镶嵌物分为两半,自己留一半,另一半送给客人带走。期年之后,客人的后裔再回到世交家中造访,宾主双方把各自珍藏的两半镶嵌物拼起来相认。从那时起,"象征"就与结识、纪念、记忆、拼合、比较、辨认、认同、时间和合作等关键词形成的语义群结下了不解之缘。这样的例子与汉语中的"破镜重圆"的典故有几分神似,但对象征的含义表述更有针对性。

由此可见,传统艺术中的象征首先是指完整的人类大主题意识。它把这个完整的意识分为两半,一半以意识形式留在内心世界,一半以艺术的形式留在外部世界。当艺术作品用语言、修辞、结构及其组合暗示出要表现的思想(也就是象征的另一半)时,就与观众意识中的观念产生共鸣,让观众悟到"象征"的含义。与直接表现对象相反,传统艺术更多的是含蓄地暗示。这种对对象的暗示或观照以及由对象引起梦幻而产生的形象就是艺术。

在中国,人类最初的设计艺术就是装饰,就是在一些具有使用功能的器具上进行形状或外观的美化,象征性的装饰从原始社会就开始有很多实例,对动植物有较多表现。例如,图腾崇拜本是母系氏族社会繁荣期的现象,龙只是众多图腾之一,马为北方游牧民族地区图腾,凤为荆楚地区图腾,蛙则为南方部落图腾。

我们可以通过对龙和龟的象征意义寻找渊源。通过对商周青铜器的考察,最常见的是动物形,特别是虎纹、象纹、鹿纹和饕餮纹等。《周易》在乾卦中突出了龙这一神物的地位,即以"九五"之爻"如飞龙在天,利见大人"用来象征当时的统治者。从此,以龙象征帝王的观念得以确立并为统治阶层重视,最终在元、明、清三代成为皇帝独享的象征物。由此以往,这一现象便直接影响了历代中国人对龙纹装饰的重视,只是象征意义已经转化。同样,龟的象征也极为古老。在原始社会,龟应是某些氏族部落的图腾,其图形在彩陶中曾多次出现。从安徽凌家滩新石器时期的玉龟及腹中的玉版可以推测,龟当时作为"天圆地方"的宇宙象征。因此,商周以龟腹甲作为占卜的神具,视大龟为"国宝",有"诸侯以龟为宝,以圭为瑞"等记载。出于龟的长寿特点,"千年龟"便成为长寿的象征,为道家所推崇,龟纹或龟背纹更是常见的装饰母题。但元代以后,民间忌讳龟纹,只有宫廷中仍置有巨大的青铜神龟,至今仍存于北京故宫。此外,还有很多象征物,如三足金乌象征太阳、蟾蜍象征月亮、虎豹象征勇武、葫芦象征多子等,都可从原始象征中找到渊源。可以看出,中国民族文化艺术在经过漫长的历史凝练后,逐步形成各种具有典型文化内涵的图形和纹饰。它们是包括人物、植物、动物、图腾、几何符号等形式在内的图像,以及一些流传广泛的典故、成语、传说中的人物、景物,一些约定俗成的事物及组合。最深入人心的是梅、竹、松"岁寒三友",象征坚贞的友谊,莲花与鱼寓意"连年有余",牡丹与花瓶寓意"富贵平安"，喜鹊与梅花寓意"喜上眉梢"，等等。

在原始装饰母题代代相传的基础上，一些新生的装饰母题逐渐变化，它们往往在象征思维的影响下，根据时代需要更侧重或强化表达某种象征意义。例如，极具教化意义的"二十四孝"，用二十四个传说中的孝子人物为范例，以石刻、木雕、砖雕、漆画的形式广为流传，象征儒家忠孝思想，自汉代起盛行一时，历久不衰。又如，先秦时期出现的麒麟、獬豸等神兽，前者象征"设武备而不为害"的仁兽，在民间则是吉祥神兽，有广泛影响，明清两代都曾将其作为官员官服补子的图案。后者为一角神羊，"见人斗则触不直"，"性忠直"，汉、唐、宋各代执法官都服獬豸冠，象征执法公正，明清两代也将其用于御史补子的图案。现在有些法院门前的石雕，大家俗称的独角兽，指的就是獬豸。同时，在外域文化影响下，我国引进了一些新的装饰母题，国民也接受了它们的象征义。例如，唐代常见的葡萄、石榴在埃及和西亚都象征丰收多产，在中国不仅具有相同的象征义，还增加了多子的象征内容，石榴还被誉为"多子丽人"。

宗教艺术的象征性同样深刻影响了中国的装饰艺术。道教作为中国本土宗教崇尚自然养生和长生不老，长生不老之人被称为"仙"，民间把流传极广的铁拐李等八位仙人称为"八仙"，象征庆寿，有"八仙贺寿"之说。同样，从印度传入的佛教艺术也与世俗装饰融为一体，其中象征符号"卐"，自唐朝初年武则天定其读音为"万"以后，就成为集合性的吉祥符号，在各类装饰中广为流传。另外，本是密宗供奉的八种吉祥物也被赋予了广泛的吉祥象征义，称为"八宝"或"八吉祥"。

上述种种现象表明，中国造型艺术在传承和变革的过程中，始终不懈地与象征联为一体，非常重视装饰精神内容的显现。我国传统民俗活动极为丰富，不论是衣食住行，还是婚丧嫁娶节日庆典，几乎都离不开特定的象征器物、象征色彩、象征符号或数字。这些象征不但源远流长，而且贯通社会的上层与下层、时空的远古和现代，对现代艺术产生了深远的影响。我国的文化象征大致不外两大系统，即祈福纳吉的生存观念系统和子孙繁衍的生殖观念系统。对照原始社会的生命观，足见它历史悠久；对照封建社会自帝王至庶民的祈望，足见它应用之广。红色的象征即为一例。北京的山顶洞人在死者周围洒赤铁矿粉象征生命；河南汝州洪山庙彩陶瓮棺在男根头部涂红则象征生命的延续。特别是在五行观念盛行后，朱色（大红色）是南方火、日的象征，为五色之首，同时是贵族用色，象征显赫高贵。例如，车有朱纹，车轮涂朱称"朱轮"，皇帝对重臣行九锡（九种赏赐）之礼包括赐"朱户"，贵族府邸又称朱门、朱邸。又如，明代四品以上高官品服皆为朱色。明清以后，上层社会和民间也大量用大红色象征喜庆。明代起的"披红挂彩"

行婚礼已见于多种文学作品（冯梦龙《三言二拍》、曹雪芹《红楼梦》）。详细的记载可在宋应星所著《天工开物》中篇《杀青》中找到，"其纸敦厚而无筋膜，染红为吉柬"。流传至今，中国民俗以红色为一切吉、喜、庆典的象征意义已确立，并成为中华民族的象征色彩。国旗、国徽均以红色为主色，北京奥运会徽也用红色"中国印"。除此之外，明清以来用谐音、寓意象征吉祥的装饰纹样遍及社会上下，其中的大部分还保留在现代的装饰中。

更为重要的是，中国民族文化中蕴含的注重整体、和谐、相对、转化的传统思维方式与象征手法更为吻合。中国的绘画理论和设计原理与这种思维方式有着密切的渊源关系，特别是古代太极图中的阴阳回转、青铜器纹饰的抽象多义、汉代霍去病墓前伏虎和石蛙的天然巧成，以及国画中大写意的虚实相生等无不透射出这种象征手法的精髓。

这样本土意味浓郁的象征手法是民族文化的重要组成部分，正如张道一先生指出的"民间艺术是一种本元文化"，如果将这些富有民族形式特征的象征性有机地表现到书籍设计中，无疑会给单调枯燥的书籍设计风格带来一股清新的本土意蕴。对民族文化象征性的借鉴和运用并非简单搬用本土元素，而是以现代构成理念进行解构后的重新组合和象征使用，使之成为现代书籍设计构成中的基本造型方法。

3. 天真烂漫的意象化

传统绘画史上画论著述甚丰，一再强调"不似之似""迁想妙得"和"外思造化中得心源"，表达了传统造型艺术意象化的审美情趣。很明显，它不拘泥于一时一地之见，不拘泥于一花一叶之景，而致力于表达作者的"意象"。这种"写意"的审美特征实际就是象征地表达了作者的抽象观念，是精神层面的写照而非自然的再现，强调的是内心对世界的感受而非投射在内心的景象。这在国画的泼墨大写意和书法的狂草中表现得尤为淋漓尽致。它打破了现实景物对人们自由想象创造的禁锢，也超越了自然和现实的界限，创造出一个现实世界并不存在的艺术真实。这种真实既鲜活灵动又如梦如幻，成为精神世界与物质世界的中间纽带。在传统艺术中，无论是用散点透视创造的千里江山青绿山水、移步换景的江南人造园林小筑，还是用多形合一方法创造的艺术形象，都无比生动传神、超然物外。无论是蛇身人首的伏羲女娲，还是无翼而飞的敦煌飞天以及狮头蛇身鹰爪的龙，都凸现了既真实又陌生的意象。大多的古代艺术造型到今天仍然洋溢着超现实主义审美情趣的神奇色彩。事实证明，传统文化艺术特有的审美情趣是激发现代平面设计创作灵感的不竭源泉。

意象化的表现深受道家哲学思想的影响，强调用整体的、全面的观点把握世间万物的运动规律，舍弃表面的直接和无关紧要的细节。比如，道不断地生成万物，万物又归结于道，永无止境。如此，只有着眼于宇宙与万物不断地运动和循环，不静止地、局部地、片面地对待表现对象，才是正道，并能引导人们向更广更深的层次发展。例如，老子《道德经·四十一章》中说："明道若昧，进道若退，夷道若类，上德若谷。大白若辱，广德若不足，建德若偷，质真若渝，大方无隅。大器晚成，大音希声，大象无形，道隐无名。夫惟道，善贷且成。"又如，"信言不美，美言不信；善者不辩，辩者不善；知者不博，博者不知"等流传于百姓口语之中的这些语言，都是来自道家的认识思维。

这种逆向思维其重要意义在于其辩证的认识观被智慧地贯穿于认识事物的各个方面，自然也包括造型艺术的语言表现。它防止了人们对事物认识经常要犯的错误：片面、单向、顾此失彼。而对事物既认识到两极的对立，又认识到两极沟通的互为关系，这就使道家的这种逆向思维具有了意味深长的艺术性，不光被哲学家、政治家经常引证，更被设计家与艺术家所吸纳。

道家这种正言若反和以小见大的浪漫思维，在后来中国文人画与中国古典式园林修造中运用得极为透彻。文人画中所追求的淡泊与自然，反映在画面上便是以摒弃华艳，唯取淳真为逸格者，整体格局追求疏淡，用墨用水形成淡墨处如梦如幻，一改以往深墨的传统绘画路子。一代美学宗师宗白华曾说："精神的淡泊，是艺术空灵化的基本条件。"（《美学散步》）这种强调精神与物质（艺术创作）高度结合的观点，实际上也已继承了道家好道与进乎技、正言若反的思维。越是空灵化，则意味越深，所表现的意墨也越是丰富，意象化程度也越高。文人画中的形神结合，心手相应，气力相合，尤其是墨分五色，以重水堪而轻色彩，注重水墨中的丰富色变的技法，更是对讲究绘事后素、返璞归真和大巧若拙等传统美学思想的具体表现。这一特有的民族美学和意象化思想没有道家思想熏陶是难以成形的。

另一个例子就是中国式园林的修造，典型例子如苏州园林、圆明园，从造物风格上就异常明显地表明其依据的宗旨是取法自然而归于自然，向往自然天趣、天然天籁。它的哲学基础是天人合一。天人合一既是中国人的宇宙观，又是中国人的人生观与艺术观。园林修造是人为的，但其艺术效果却追求天趣与大而化之的意境，其中的出神入化、浑然天成被视为最高理想。在造园中，其修造方法也在很大程度上体现出道家的设计思想：讲究有无相生、移少换景、曲径通幽、虚实互用、刚柔相济、动静结合、疏密相间、浓淡得宜、曲直有度，虽由人做却要宛如天开。山石则讲究组合有序，能表达幽深、平缓、热烈、寒冷等不同的意境或感觉。这种顾及两极艺术效果的设计方法和基本标准已成为中国传统造园艺术的根本原则。中国山水园林表现的是自然美，布局形式以自由、变化、曲折为特点，要求景物源于自然，又高于自然，使人工美和自然美融为一体，也是中国园林不同于西方几何规则图案式园林（如法国凡尔赛宫苑）的根本所在。

我国传统艺术关注和表现的是精神世界而非物质世界，重视的是人类心灵表达而非自然万物，所以采取意象化的表达就更为恰当。如今，由于精神世界是一个内在的宏观世界，是人类生命和精神生活的纯粹世界，它与处于人类心灵之外的物理世界是迥然不同的。因此，如果我们只是注意对外在事物进行描述和再现，就无法展现内心的意象。精神世界中充满了主体的人的精神感、想象、意志，以及人类活动的观念、价值、目的等，是可以抽象地表达一种情绪或感受的。因此，我们把散漫与抽象、极简与丰富结合起来，试图以此提供一种新的意象化方法论来重新解释人类生命活动和内心世界的发展。这种传统意象化思维方式无疑给书籍设计对传统艺术美学的借鉴提供了十分有益的启迪和帮助。

第三节　书籍设计艺术中导入马尔库塞审美哲学的现实性

马尔库塞倡导的审美形式理论最鲜明的特点是坚持艺术对现实的批判、颠覆作用寓于其审美形式之中。艺术通过词语、色彩、声音、意象等背离传统与现实的陌生化运用，造成日常意义的颠倒，并以此表现被压抑、被歪曲的"人和自然的潜能"，打破人们习以为常的感知方式、理解定式和惯性，建立起"新的感觉方式"，让人们从现实秩序中解放出来，进入一个崭新的、真实的生存维度。由此可以看出，马尔库塞始终关注着现代文化艺术危机，并致力于探寻解决之道，他提出的审美形式论实际上是研究艺术之社会潜能的广义审美哲学。此外，作为研究西方马克思主义法兰克福学派的代表人之一，马尔库塞的形式美学思想得到了学术界的肯定，其坚持艺术对现实批判的观点更是为后来的美学研究提供了重要的借鉴。现代书籍兼具传递信息和审美愉悦的双重作用，艺术性与实践性是书籍整体设计的重要内容。在书籍设计艺术领域导入马尔库塞的审美哲学，对书籍整体设计应以何种方式体现书籍的整体形态美、气韵美，从而实现书籍的社会潜能具有重要的现实意义。

第七章 马尔库塞美学思想对书籍设计艺术实践的指引和发展

马尔库塞关注审美形式"风格化"的过程以及人的"新感性"的塑造，这些观点对书籍审美形式的构建具有十分重要的借鉴意义。21世纪，书籍出版业正在遭受来自电子媒体的强烈冲击，这既是一种考验，也是一个机遇。设计者应当改变单一的思维方式，勇于创造书籍的各种新颖形态，从展现书籍的时代感、个性化以及在设计中体现无微不至的人文关怀入手，构建现代书籍的美学形式。

第一节 与时俱进——构建书籍设计艺术的时代感

马尔库塞认为，艺术通过其形式从社会现实中分离出来，创造出与社会现实相疏离的另一个理想的空间。这表明了两个重要观点：一是艺术具有与社会现实不可分离的关系，即艺术来源于现实，二是艺术借助其形式，创造了与现实有别的理想空间，艺术又高于现实。文化是民族的血脉，是人民的精神家园，是民族凝聚力和创造力的重要源泉。书籍既是积累文化的重要工具，也是传播文化的媒介，是内在永恒的文化生命。书籍设计为文化的附着提供了最直观的基石。在数字化技术发展和消费模式变化的时代背景下，丰富书籍设计艺术理论，拓展书籍艺术形式，以繁荣图书市场，彰显文化实力，显得迫在眉睫。马尔库塞美学思想以论析艺术的社会潜能为重，对丰富书籍设计艺术理论，指引书籍设计实践，实现书籍的社会潜能，使传统的图书出版行业绽放新的活力，进而增强文化整体实力和竞争力，具有重要的现实意义。

书籍是人类文明的载体，人们在阅读、理解和想象中积累知识、获取智慧以及满足情感需求。党中央历来对在文化产业中占据重要地位的图书出版行业予以充分重视：国民经济发展的"十二五"规划纲要提出，推进文化产业结构调整，要发展壮大出版发行、印刷、广告、会展等传统文化产业；十八大报告中提出，扎实推进社会主义文化强国建设，要增强文化整体实力和竞争力。在国家政策的扶持下，传统的书籍出版行业将迎来文化体制改革和快速发展的大时代。因此，丰富书籍设计艺术理论，拓展书籍艺术形式，以繁荣图书市场，彰显文化实力，显得迫在眉睫。

书籍设计是将书籍的形态、信息的传达方式以及阅读过程中产生的愉悦情感等诸多元素组成一个整体，将作品视觉化、立体化、流动化，完成对书籍内容从无形到有形的深层次表达。书籍设计为文化的附着提供了最直观的基石——形式美的塑造以及文化内涵的建构：形式美是书籍美感的直接体现，文化内涵是深层次的气韵之美；形式美与文化内涵构成了书籍"审美形式"，体现着书籍的艺术性和文化价值。书籍设计艺术以独立的形态存在，以艺术的表现形式传播文化信息，其本身就是一定思想、文化、情感的表达。书籍与生俱来的文化使命与社会潜能从来都是与书籍的艺术形态息息相关的。马尔库塞始终关注着现代文化艺术危机，并致力探寻解决之道，他的美学理论实际上是研究艺术的社会潜能的广义审美哲学。在书籍设计艺术领域导入马尔库塞美学思想，对丰富书籍设计艺术理论、拓展书籍设计艺术形式、实现书籍的社会潜能具有重要的现实价值。

中华人民共和国成立以来，我国书籍产业从迅猛发展到稳定增长阶段，经历了数十年历程。图书设计的内涵不断扩大，内容与形式的完美融合、人性化的设计以及视知觉的立体塑造正在逐渐成为图书设计的新要求。从目前书籍行业的发展趋势来看，唯有丰富书籍设计艺术理论，做到书籍内容与形式、视知觉经验与心理定向的和谐统一，促进人与书的情感交流，成就书籍的艺术品位，才能应对数字化技术发展和消费模式变迁带来的挑战。

书籍艺术来源于现实，以一种微观的表象反映了宏观的社会现实；书籍艺术创造了另一个相对独立的空间，反映了各个时代的文化思潮和审美意识，拓展了人们对客观事物的思维和感知能力，在一定程度上推动了社会的发展，这种推动力反过来又促进了书籍艺术向前发展。每一次社会变革或技术上的突破都会引起书籍在物化载体、表现形式、内在理念上的变化。比如，印刷术的发明带动了书籍产业的兴旺，书籍形态发生了巨大变化；中世纪时期的书籍内容多为宣扬教义，装帧精美，反映了那个时期宗教的无上地位和崇尚手工的审美倾向。透过书籍艺术在人文、科学、社会等领域的文化现象，我们不难得出一个结论：书籍设计不能游离于具体的历史之外，它总是某个历史时期的产物。书籍的时代属性决定了书籍设计必须紧跟时代发展的步伐。首先，书籍的文本内容记录着社会发展、文明变迁的历史，对未来的设想乃至现存现实的发展轨迹都能够在书籍的空间里找寻印记。其次，书籍设计的形式与内涵的隐性构造格局决定了设计的形态依托于时代背景下的工艺技术和审美理念。

如何体现书籍的时代感是设计师进行创作时无法回避的问题。著者认为，应当把握当前的文化思潮，紧跟设计潮流，利用科技带来的一切便利，在书籍设计形式的方方面面展现时代特性。具体来说，就是在书籍版面形式、物化材料和开本形式上，实现书籍的艺术形式与文化内涵的隐性构造，凸显书籍的时代感。

第二节　民族风格——强调书籍设计艺术的独特性

著者认为，书籍装帧中运用民族化元素是对传统文化的体现，在书籍设计中民族化和国际化是不能相互替代的。书籍设计的国际化更容易让现代社会的人们接受，但是国际化风格并不适于所有的书籍。各个民族的童话故事、民间文化之类的书籍装帧设计就不适合采用国际化的设计风格。比如，丹麦的《安徒生童话》中有着浓厚的文学性、绘画性与艺术表现，展现出安徒生的个人生命特质。这本书的装帧设计需要体现其民族风格。

社会的进步也带动着人们对书籍装帧设计审美要求的提高，在现代社会，人们已经不再单纯地认为越华丽就越美，开始回归简单、淳朴、明快的设计格调，甚至有些人更喜欢带有古代装帧设计元素的设计，如带有传统文化元素更能体现出文化格调和民族风格。虽然当代的设计师重视与国际接轨，但是也有一些设计师已经意识到设计作品中民族风格的重要性，开始在设计中增加传统文化元素，以此表现设计作品的民族性。表现民间文化的书籍更需要在设计中体现民族化的元素和传统文化。

现实的素材或直接的内容按照艺术形式规律的要求被赋予新的形式和新的秩序是马尔库塞关于审美形式"风格化"过程的相关论述。他指出，任何社会现象都可以成为艺术创造的本源，但是这一社会现象必须"风格化"。如何实现艺术审美形式的"风格化"转变？著者认为，在作品中融入民族风格并赋予其新的生命力，是凸显艺术作品独特性的有效途径。

随着人类文明和文化的发展，书籍设计也在不断进步，20世纪对人类而言是一个迅速发展的重大转折时代，世界经济得以繁荣，人类的生活品质和思想观念有了进一步的提高。与此同时，在经济发展、物质丰富的21世纪，随着中国知识经济时代的到来，人们在物质生活得到满足的同时更注重精神生活的品质，对书籍这一精神食粮提出了更高的要求。书籍设计师肩负着为社会发展创造精神财富的历史使命，在注重民族化、传统化的前提下重塑书籍的新形态，创造出令人耳目一新的包装设计作品，以此改变人们的阅读习惯和阅读行为方式。

一、在书籍设计中融入民族文化的必然性

艺术设计是一种社会文化形式，是物化形态和精神文化形态的并存。从文化的角度来看，任何形式的艺术设计活动都离不开特定的社会文化背景和民族精神的滋养。书籍设计艺术的民族性与世界性是相辅相成的。各个民族的精神集合成了各自不同背景的书籍设计风格，在世界性的设计文化影响下各自演绎着自己的精彩。

中华民族在长久的历史中形成了独特的民族文化传统，精华荟萃。书籍这种文化媒介是传承民族文化的重要方式。书籍设计师应当吸收传统文化的精髓，借助独特的艺术语言弘扬民族传统文化，体现书籍设计的民族风格与现代特色。

二、在书籍设计中融入民族文化的途径

德国古典哲学家黑格尔曾说过："每种艺术作品都属于它的时代和它的民族。"设计文化内涵的渊源是民族文化。不论是形式还是内容的编排，书籍设计的创作灵感都源于民族文化。书籍设计在融合民族文化的层面上，首先应该充分发挥民族文化传承中传统性与现代性相统一的特点，让民族文化的人文精神和设计文化的形式之间形成互动关系。其次，书籍设计在设计形式和书籍内容的统一中，使民族文化的人文精神以书籍设计的形式获得了独立的意义，最终形成能够体现民族文化、人文精神的书籍物化形态。从这个角度来看，书籍无论在平面或立体的空间设计上，都可反映出民族文化精神的印迹。书籍设计是以视觉形式表达民族内在共性的载体，也是一种解读民族心理的符号语言，因此书籍设计艺术的符号语言可以充分利用民族文化信息。书籍艺术设计是传承和张扬民族文化的设计手段之一，但是这种设计手段绝不意味着复古主义，而是在传承基础上的再创造和再发展。如果书籍设计脱离民族文化精神，便会失去原有的生命力。

三、书籍设计中民族文化的传承

我国民族文化作为千年流传下来的文化精髓，带有浓厚的东方色彩，在现代设计中是重要的文化资源，民族文化可以作为新的设计元素，为现代设计服务。

首先，设计师应该从外在的风格语言上体现民族化特征。例如，江南水乡的白墙、黛瓦、马头墙和木格子窗棂里的园中园有着鲜明的文化特色。调子中演奏出来的一股旋律，时而低沉，时而欢悦，时而高尤，演绎着这几千年历史的民族文化。在书籍设计中，设计师可以寻求带有民族特色审美形式的表述方式，更具特色地表达书籍的主题思想，使民族文化与现代设计完美结合。

其次，设计师应该从内在的风格语言上体现民族化特征。风格语言是构思和传达意象的以心理、精神元素为主的设计语言，民族化特征的风格语言以心理运动的轨迹构筑意象并传承民族文化。以著名书籍设计师严钟义设计的《金色宝藏——西藏历史文物特展》为例，封面运用刻有西藏特色的缠枝纹纹样，选用红、黄、蓝、白、绿五种颜色，封皮采用牛皮面夹铜板，整本书籍形态设计运用极具西藏文化地域特征的民族文化元素表现。牛皮和铜器这些与西藏历史文化息息相关的设计元素结合现代设计的点、线、面构成，使整本书呈现出一种疏密有致的古朴又不失西藏特色的风格，让读者感受到扑面而来的西藏历史文化气息。

21世纪是全球化与民族主义共生的时代，东西方都在努力从对方的文化中寻求有益的元素。技术的进步使全球的资讯得以共享，文化表现形式、艺术形式和观念在相互影响中获得发展。在全球化的趋势下，设计语言日趋同化，民族风格逐渐淡化，形成了信息时代书籍形态的新风格。现代设计理念和设计语言为我们提供的是丰富的表达手段和方式，而民族语言是突出书籍生命力的设计之源。日本书籍设计的发展历史有力地证明了民族的就是世界的。20世纪60年代，一些日本书籍设计师在艺术民族化与国际化的融合方面做了有益的探索。他们的作品在吸收西方文化的同时，注重宣扬民族传统文化，形成了独特的日本风格，在传统与现代、东方与西方文明之间找到了一条适合本国设计文化发展的道路。

近年来，国内书籍设计业已有了明显的进步，随着时代与社会的发展，人们已经意识到书籍设计本身的意义和价值。我国设计家吕敬人等的设计作品就极具民族性和传统色彩。《中国记忆》是吕敬人设计的代表作品之一，这本书有很多元素运用了中国传统文化中虚实空间对立的概念。从外包装到书籍封面都很特别，它利用柔软的纸材和特色的中式装订，让中国传统文化元素在其中的应用更加完美，而且增加了阅读的层次感。我国香港和澳门等地的设计师较多地受到西方文化的影响，在书籍装帧设计方面创作出许多颇具创造力、充满想象的作品。我国台湾地区的设计则较为传统，大多使用中国传统文化元素，但由于也受西方文化的影响，其工艺制作上比较严谨。

书籍装帧设计的性质和形式决定了书籍封面的文化性和艺术性。书籍装帧设计在近百年的发展过程中，在为人类文化间的沟通与交流提供方便的同时，形成了一种新的视觉艺术和视觉文化。如今，我国一些装帧设计师开始注重本国民族传统文化精神，把传统元素融入现代书籍装帧设计中，努力重塑具有民族风格的新形态的书籍。我国传统的文化艺术体现了中华民族的审美观，传统的色彩与造型构成了中国文化特有的艺术风格。传统文化和现代文化相结合将会是书籍装帧设计的新手段。

日本书籍设计大师杉浦康平先生曾多次表达了对中国传统文化的痴迷，总结出"一即多，多即一"的设计思路，即"多元与凝聚、东方与西方、过去与未来、传统与现代都不要独舍一端"，设计者应当明白融合的要义，才能创造出更有内涵的作品。我国的文化博大精深，为现代书籍设计提供了取之不尽的素材。从设计理念到形式表达，我国的传统书籍设计带有浓郁的东方文化气息，这一特点不应淹没于设计的国际化大潮中。在书籍设计中继承传统文化的关键在于融会贯通，以现代的表现方式演绎传统文化精髓是现代书籍设计的立足点。体现民族风格并不是随意拼凑民族视觉元素，而是在构建作品整体美的过程中处处体现民族化的细枝末节，同时找寻民族传统文化与现代文化的契合之处，并赋予其创新的面貌，将传统解构，与现代整合，形成具有民族特征的设计风格。

2006 年 11 月北京举办"疾风迅雷——杉浦康平杂志设计半个世纪中国展"，日本书籍设计大师杉浦康平先生在接受记者采访时表达了对中国传统文化的痴迷。他说："在中国的自然观和宇宙观中，我学习了很多东西，特别是中国汉字。汉字中特有的意蕴和迷宫式的结构让我迷醉。我在其中感受到了一种深刻的手法，发现了'一即多，多即一'的思想。"

第三节 以人为本——体现书籍设计的人文关怀

进入 21 世纪，以人为本的设计理念渐渐成为设计界的共识。人们意识到人既是设计的主体，也是设计的对象，因此在设计中处处关切人文情感、满足人的心理需求是现代设计的终极目标。这一理念在马尔库塞的美学思想中也有所体现。人们在审美方面的经验应当是感性的，艺术最基本的功能就是创造美的形象并带来审美快感，他指出："如果把感性认识的完善定义为美，那么这个定义仍保留了与本能满足的内在联系，审美的快乐仍然是快乐。"[1]艺术作品首先必须诉诸人们的感性，满足人们的美感需求，通过审美形式的和谐统一给人们带来感性的满足与愉悦。

现代书籍已从单向性文字传达向多向性文化传达演变，以图文并茂的传达方式，立体编织知识的网络，书籍的信息量大大增加，书籍设计成为多层次、多元素的设计工程。这个涉及众多相关领域的系统工程的构建关键在于能否在设计中实现人性化的情感关怀。书籍设计以人为本的观念实际上就是从读者的心理审美

---

❶ ［美］赫伯特·马尔库塞.现代美学析疑[M].文化艺术出版社,1987：135.

需求入手，组织视觉元素，运用科技手段，构筑书籍神韵和形态的整体美，使读者在轻松愉快的阅读氛围中理解书中的内涵和思想。书籍艺术的审美形式传达的情感概念和心理效应架起了作者、设计者和读者之间心灵沟通的桥梁。

其实以人为本的思想在书籍形态的演变过程中就有所体现。出于技术上的原因，远古时期的简策十分笨重，不方便阅读，人们用"汗牛充栋"来形容，因此书籍不能走入寻常百姓人家。纸张出现以后，彻底改变了书籍形态，开本和厚度越来越满足人们阅读和携带的需求，书籍从此得以繁荣发展。中文书籍的版式由竖排改为横排，不仅是形式上的改进，也是以人为本的观念的体现。书籍设计越来越注重品位、气韵，越来越强调"书卷气"，亦是以人的精神特征为参照而逐步形成的书籍设计准则。

一本好书的标准在于使读者"读来有趣，受之有益"，前者强调书籍形式感与人的审美心理的适宜性，后者强调书籍内容的进步性。人是社会的主体，带着特定历史、政治、经济、文化的烙印，设计应当在一定的时代背景下，遵循人类发展的总体规律，并关注个体的心理需求。具体来说，在设计过程中，应当从读者的角度考虑书籍的可读性和规范性。例如，文字的大小及疏密关系，文字群的空间关系，有节奏、有层次的布局关系在面向不同的读者群时，具有不同的形式特征。在以人为本观点的基础上，设计师需要灵活把握各种元素，通过图像、文字、不同材料、工艺手段的运用，将各种形式融会于文化的意境中，使读者在翻阅、触摸过程中获得感动，逐步体会书中的思想内容。

从关注艺术的批判性和变革性的理论角度看，马尔库塞的美学思想扬弃了传统马克思主义美学以意识形态界定艺术的思想，肯定了美学形式的作用。其理论对书籍设计艺术领域具有重要的开拓和指导意义。现代书籍设计是一项立体化的构造工程，书籍的美学形式与文化属性赋予了书籍独立的艺术价值，两者的隐性构造实现了书籍的整体美。在设计实践中，设计师只有做到书籍内容与形式、视知觉经验与心理定向的和谐统一，体现书籍设计的时代感，强调书籍设计的民族特性，体现书籍设计的人文关怀才能促进人与书的情感交流，成就书籍的艺术品位。

一、以人为本的书籍装帧设计

设计是人类的造物活动，是创造人类文化的活动。书籍装帧设计涉及面非常广，研究的内容和服务对象也有别于传统的艺术门类。书籍装帧设计应该以人为本。随着时代的发展、设计创作方式的转变，思想观念和思维方式、创作形式和表现手法都得到了更新，显得更加多样性。不管从何种角度来解释，人是书籍装帧设计的诉求对象和目标人群，又是设计成果的接受者，其设计的核心是人，所有的书籍装帧设计其实都是围绕着人的需要而展开的。

换个角度来说，书籍装帧设计以人为本的最基本表现形式是以设计作品来满足人的物质和精神两方面的需要，通过对书的内在结构形式和外在审美形态进行设计，使其以完美的适应性和实用性面貌来满足人的需求。情感在人的需求里面扮演着重要角色，这就要求书籍装帧设计师以人为本，将人文关怀融入书籍装帧设计中。人有着丰富的心理认知和个人情感，这不仅要求书籍装帧设计作品以美的形式给人以赏心悦目的美感及使用的快感，还要能深入人的内心世界，唤起人们普遍的心理感觉，引起人们心理和视觉上的舒畅。

二、人文关怀、生动的设计

书籍装帧设计艺术发展到今天，对人类内在精神需求的关注愈加显现为一种人性化的关怀——人文关怀。书籍装帧设计师应在作品中充分展示人文关怀，让人们能体味到这种关怀。设计师在设计时更注重一种全新的视觉表现，给设计增加新意，在营造不同情趣的独特风格的同时充分体现设计的人文关怀。那么，书籍装帧设计师应从哪些方面体现设计的人文关怀？

首先，出色的书籍装帧设计师要关注社会，关注人们的生存状态，关注人们的真实需要。设计师要充分考虑设计作品的受众群体的审美心理因素，最大限度地满足大众的情感需求。在此前提下，设计师还要将自身的个性和风格融入作品，体现书籍装帧设计的人文关怀。

其次，书籍装帧设计要体现文化内涵。书籍装帧设计是一种精神的载体、一种文化的物化形式，更是书装设计师个人价值的体现。例如，著名书籍装帧设计师吕敬人的作品《朱熹榜书千字文》在内文设计中采用文武线为框架将传统格式加以强化，封面的设计则以中国书法的基本笔画点、撇、捺作为上、中、下三册书的基本符号特征，风格统一，又体现了中国特有的文化内涵。可见，营造文化氛围、体现文化内涵是书籍装帧设计的命脉，优秀的书籍装帧设计作品无不诠释着某种文化内涵。随着社会的不断发展，书籍装帧设计的文化特征越来越强烈。注重文化内涵、讲究艺术品位、追求个性特征被越来越多的书籍装帧设计师所重视。

再次，书籍装帧设计师在体现中国传统文化的同时，要善于学习西方新的形式美法则，吸取其精华，并使其与中国传统文化精髓重组发展，形成新的文化品质。中国当代的书籍装帧设计，应是现代与传统相结合，离不开对国外优秀文化艺术的借鉴，更离不开对本民族优秀文化艺术的继承与发展。

三、个性的展示、人文的和谐

作品的个性化是设计的重要特征。个性在设计中是指设计师以纯粹地表达个人情感为基础的特性。展示个性是一种创新欲望和创造能力的体现。设计师的创作往往是为了表达个人的某种特定感受、体验或理念。个人习惯、生存环境、文化修养、知识结构等要素的不同决定了人与人之间性格的差异。在书籍装帧设计中，设计师可以根据自己的喜好，选择设计的突破点和适合表现的设计手法。个性化的书籍装帧设计不但能产生一种超凡脱俗的新鲜感和生动性，使书籍更具情趣和魅力，而且能够格外吸引读者的注意，给读者留下比较深刻的第一印象。一个合格的实际装帧设计师要尽量多地获取多方面的知识和生活经验，努力做到使用价值、审美价值和文化价值的统一，使设计作品既能表现书籍装帧设计师的个性特征，又能反映其对人文关怀的追求，达到两者的和谐统一。

第四节 实践品格——引领书籍设计的创新发展

马尔库塞的"新感性"思想是从艺术和社会与人的解放这两个层面进行阐述的，这种"新感性"是私人的、个体的感性，这种"新感性"是在艺术和审美中造就的一种对生命的需求他在《单向度的人》中点明了艺术在西方发达资本主义社会科学技术理性的规范和操作下日趋商业化的倾向，指出这种倾向使艺术变成了维护统治阶级利益的工具，尤其是变成了压抑人的工具，从而导致了单向度的人和文化的出现。他在《爱欲与文明》中强调，艺术的想象力与幻想力确保了人的感性生命对自由和解放的向往以及对现实的反抗。这种能够对抗现实原则支配的艺术的想象力和幻想力造就了人的"反省"能力，确保了"新感性"的形成。先验的感性直觉（孕育着"新感性"的感性知觉）为审美活动、生活世界的客观秩序提供了普遍有效和适用的两大原则——"无目的的合目的性"和"无规律的合规律性"，它们既界定了美的结构，又界定了自由的结构，它们使自然与自由、快感与道德相互沟通和结合在一起，它们实现了感性和理性的新的和谐关系，也就是说艺术审美正是通过人的这种先验的感性直觉培育出了人的具有理性的"新感性"，并实现了艺术本身的显著特质，即感性与理性的和谐统一。他在《审美之维》中进一步论证了艺术对抗现存社会关系、倾覆主流意识和实现完整人生的能力。简言之，在西方发达工业社会，人们要想成为具有"新感性"的人，要想改变旧式的感受世界的方式，必须借助艺术审美才能完成。

马尔库塞眼中的"新感性"实际上就是人的"自主意识",这种"自主意识"内在地包含着"对自由和解放的追求"。要真正形成这种"新感性",需要艺术审美。这是因为艺术审美"以其创造性的形式,表现出新鲜的、充满活力的生机:给人的需求—感官结构造就新的可能性,给人性的解放开启了新的光亮……于是,社会变革的基本公式就是:劳动=游戏=想象=幻象=艺术形式=表现=爱欲无需升华的直接表达=生命本能的要求的自由表现。从这个连续的等式中可以看出,艺术—审美的形式正是沟通这一切的中介、桥梁"。马尔库塞把人的本能欲望和人类的解放问题关联在一起,这是他思想中的一大创举。

在培育人的"新感性"的过程中,马尔库塞突出强调了艺术审美不可替代的重要作用。就艺术本身所具有的特殊性而言,在他看来,由于艺术作品完全可以通过"超然于社会现实之外"来肯定现实或反映现实,所以艺术可以"通过艺术理想与社会现实的对照"来实现对西方发达工业社会的批判。这就是说,艺术具有两重性,它既可以肯定和反映现实,又可以否定和超越现实。正因为如此,艺术审美才在改造世界和实现人性解放的活动中起到了难以替代的作用。艺术能够用新的美学形式来表现人性,艺术能够恢复人的"爱欲"追求,艺术能够促进人的"新感性"的形成,艺术能够创造出一个解放的世界。这就是培育艺术审美的效用。

一、信息时代书籍设计艺术发展趋势

由于计算机技术的快速发展和普及,互联网得以迅猛发展,人类进入一个信息爆炸的新时代。在信息发展的今天,各种事物都发生着日新月异的变化,这种变化不仅改变了人类社会的技术特征,也对人类社会、经济、文化的每一个方面产生了巨大的冲击。生活在信息时代这样一个诱人的时代,人们必然要对设计文化提出更高的要求。

人们的物质基本需求得到满足,从而产生更高的精神需求,对书籍的审美性和艺术性也提出了更高的要求。如今的书籍设计也随着时代的发展而变化着,只有在不断更新和提高的基础上,才能符合时代的需要。信息时代科学技术的发展必然对书籍设计艺术产生重要的影响。那么,信息时代的书籍设计艺术未来究竟会有什么样的发展呢?

(一)观念的更新

书籍设计艺术的进步源于观念的更新。随着社会的发展,今天的书籍设计如果不从观念上加以更新,跟上时代的脚步,那么书籍设计的行为过程就会变得很陈旧。

在信息时代，各种事物都在不断地发生着变化，人们的审美观念在发生着变化，设计的语言也在变化着。审美观念对设计有着重要影响。这不仅是因为审美观念是历史积淀的产物，必然自发作用于任何精神活动，还因为设计需要审美观念的指导。如今的社会审美趣味和审美心态往往呈现多样性的状态。在中国当代社会，经济的发展带来了人们物质生活和精神生活的空前丰富，人们的审美需求也就更加多样化了。人们的审美心理有求新、求异的一面，同时存在保守、传统的一面，是多样化的。因此，书籍设计也必然要朝着多样化的趋势发展。只有如此，才能满足读者对书籍设计的审美趣味多样化的需求。

书籍设计不仅仅是为书籍做简单的外表包装而已，而是以书籍的整体形态为载体，进行从书芯到外观的一系列整体视觉形象的设计，是一项多侧面、多层次、多因素、立体的、动态的系统工程。如今的书籍设计形态的塑造并不是仅由书籍装帧家来完成，还由出版者、编辑、设计家、印刷装订者共同完成。

比较传统的书籍设计偏重书籍的实用性与功能性，现代书籍设计则更加偏重于书籍的艺术表现和审美拓展。现代书籍设计偏重艺术表现体现在，一是设计师更加注重书籍艺术形式的创新，二是设计师更加注重表达自己的艺术观念。偏重审美拓展就是注重探索书籍的新的视觉形式和新的美。为了探索新的艺术形式，表达艺术观念，创新视觉形式，发现新的书籍审美，就需要舍弃一些传统书籍的功能性和实用性。当然，如果既可以兼顾功能和实用，又能有更好的艺术表现和审美感受，现代书籍设计就会更加丰满和富有艺术表现力。现代书籍设计将传统书籍设计的一些实用的部分、功能性的部分进行重新解构和创意设计。例如，书籍的装订方式是实用的，现代书籍设计可突破这种实用功能，通过重新设计，产生新的书籍之美。

（二）新材料的应用

如今，随着科学技术的进步，各种新材料、新技术层出不穷。现代科技、现代工艺的发展对书籍设计艺术的发展有着巨大的影响。随着制版技术、油墨性能和印刷机械的迅速发展，印刷的清晰度、鲜艳度、精致感、油墨附着力都达到很高的水平，这些都为书籍装帧设计的发展提供了良好的条件。

对各种材料的表面处理工艺的发展为现代书籍设计提供了十分有利的设计条件。物体表面的各种外观状况会产生各种不同的视觉与心理效果。例如，对纸张、玻璃、金属、塑料等加以烫金、镀层、涂料、凹凸模压复合处理等，充分发挥工艺手段的作用，使书籍设计能够满足人们的审美需求。如今，UV 工艺的广泛应用，在印好的书籍封面上覆盖一种特殊的透明材料，这种材料油光透明，手感光滑。

在书籍封面局部覆盖这种固化材料，就会显现出一种新奇的特殊效果，为封面增添新的趣味和魅力。

二、书籍创新设计趋势

（一）立体书更加注重互动

当书本以插画为主要视觉语言，文字仅占部分内容或辅助插画时，我们称之为"图画书"。"立体书"即立体图画书的简称。国内"立体书"概念早在 19 世纪初就提出来了，但指的是翻开书页时，可在书面上自行跳出三度空间造形的书。由于立体书的教育功能与趣味性，在未来立体书的形态不仅局限在狭义的"立体"上，而是与读者产生互动的"互动书""可动书"。立体书在材料和操作方式上也可以突破常规，如碰触按键发出声音，附加转动轮子，或贴上动物皮毛、挖洞、翻转、拼图等，兼具阅读和游戏的功能，还可以特别强调读者的动手和参与。

未来立体书必须突破以往平面阅读的限制，而以翻、掀、拉、转等可动式设计突破一般书籍形态的单向输入，和读者产生一系列的互动。这不仅使儿童书籍形态有了更多的可能性，在儿童想象力和创造力的启发的过程中，更是一种重要的启蒙媒介。未来立体书的设计除了翻翻、拉拉、造型立体等形式外，可能会注重惊奇立体书和综合形式立体书的设计，因为随着时代的发展，立体书不再仅限于单一材质或立体结构设计，而是采用多种结构设计方式，意在以多重的视觉体验，引发儿童无限的想象力与创造力。

（二）电子书籍模式更加丰富

数字网络时代的迅猛发展创造出全新的书籍形态，使信息传播业面临一场深刻的变革。在书籍领域，随着信息传递的多样化、多媒介化，电子书籍表现出独特的魅力和对未来巨大的商业潜能。它包含了最时尚的数字技术、多媒体表现效果和网络传播方式的快捷与便利。大家熟悉的艺术形式由最初的架上艺术到现代的数字艺术、多媒体艺术。技术正在推动艺术形式发生着巨大的变化，书籍这个人类文化最重要的载体似乎开始了历史性的转变，由固定形势的视觉编排发展到互动形势的可变设计。电子书籍将传统的、相互分离的各种信息传播形式（如语言、文字、声音、图像和影像等）有机地融合在一起，进行各种信息的处理、传输和显示。这样，信息传达设计的表现手段和表现范围得到了扩展，未来的书籍设计是综合性的，涵盖了人类全部感各种器官方面的全面设计。这已经超越了现有书籍设计的概念。

电子书籍作为网络时代视觉设计文化的新时尚，不仅是人们获取信息的一种手段和媒介，也代表了人们的一种新的娱乐方式和生存方式。它的未来发展趋势是什么？现有的大部分设计还只是停留在现代手段对传统纸本书籍的复制和再现，这种做法仅将电子书籍理解为传统书籍基于新媒介的延伸和补充，而如何充分发挥电子书籍优于传统书籍的交互性、可视性、便捷性等优势，融入不同艺术门类的有效整合，并使浏览者可以享受到完美的视听效果，这是设计者面临的最大问题，也对电子书籍的设计提出了更高的要求。

更好地丰富电子书籍视觉艺术的表现力，正是从图形设计走向沟通设计发展趋势的关键。电子书籍的互动性越高，消费者对其态度越好。电子书籍的互动性是其关键。调查发现，三个因素对电子书籍互动性起着关键性的作用：读者的介入程度，介入程度越高，互动性就越强；电子书籍内容的个性化，个性化性越强，互动性就越强；电子书籍与读者实时沟通的能力，实时沟通能力越高，互动性就越强。

然而我们提出的信息交流的本质没有改变，信息传达的载体仍是图形、影像、文字、色彩及它们之间的编排关系，以视觉方式实现信息的交流。但是值得注意的是，电子书籍的传播媒体是互联网，网络时代的重要特征是它的交互性，而在这个虚拟的网络世界中，电子书籍的设计形成其特有的秩序、价值观和文化观念。

如今出现了一批互动性电子书籍，是由一些热爱设计的青年艺术家自发组织设计的，他们的设计作品受卡通、电玩的影响。值得关注的是，设计领域内的电子书籍以 FRANCIUM、NWP、IDN 等新锐艺术电子书籍为代表，精美的视觉符号和动态图形给人以充分的视觉刺激。

在未来电子书籍设计的发展中，一位优秀的青年设计师只有深刻理解以上的发展趋势和特点，才能有效地运用多媒体技术丰富视觉艺术设计的表现力，推动大众对艺术作品感知方式的改变。设计者应领风气之先，保持对新工具、新媒体的高度敏感。互联网络正是新生的、综合感官的、充满活力的新媒体，为设计者创造了以前想象不到的信息传达手段和途径，而且随着技术的不断发展，它极有可能成为最完善的媒体。在这个以互联网络技术为标志的崭新的信息时代，设计者如何将网络与设计、技术与艺术完美地结合，是非常值得我们深思和研讨的。

（三）纸质书籍

纸质书籍和电子书籍的区别：其一，有形与无形。电子书籍只用于内容浏览，只存在于显示器中，与读者接触仅在于视觉。离开了显示器，读者就无法阅读。其二，阅读速度。翻书的动作再快也达不到点击鼠标的速度。纸质书籍有实物载体：书。读者在阅读的过程中翻动它，抚摩它，读者与纸质书籍的接触过程可以长达十几年，几十年。它可以于案头，也可以放在随身的包里，还可以置放床头枕边、卫生间等这些完全属于私人的空间。纸质书籍的可触摸性就是纸质书籍与读者的特殊亲和力，也是纸质书籍的独特魅力所在，这种亲和力是纸质书籍和电子书籍相比的优势。这种优势发挥得越充分，纸质书籍在网络时代的竞争空间也就越大，这种优势是电子书籍无法取代的。对于书籍设计来说，文本千千万万，读者千千万万，设计者的艺术风格千差万别，然而面向读者的亲情创意、人性化设计和精美的工艺化制作是一条不败的底线。

几年前就有人惊呼电子书籍将替代纸质书籍，而事实却走向反面，越来越多的网络文字变成了传统的纸质书籍。一些原来只能发表在网络上的文学作品和论文专著，被独具慧眼的出版者转换为纸质书籍出版和发行。一些只习惯做传统纸质书籍的出版社面对此现象既感到图书市场的诱惑，又感到忐忑和迷惑：这些在网上成为公共资源的文字做成有明码标价的图书是否还有读者？一些在网上成为公共资源的文字做成图书后确实有些卖得不错，作者也从此一举成名。而有些文本却卖不动，转眼间沉没于浩瀚书海，无声无息。由此看来，一本书的成功与出版者对文本的理解（对书籍选题的慧眼筛选、机智阐述）、与设计者对文本和选题的独特理解以及具有个性、独创性、受众性的艺术设计有密切的关系。

互联网的盛行是对纸质书籍是一种冲击。如果只是汲取信息，网络是很方便且廉价的，但说到享受阅读，纸质书籍有"视觉""触觉"所以纸质书籍不会因此而消亡。虽然电子书籍能模仿翻书的动作、声音，能够在边上写标签备注，但毕竟都是虚拟的，隔着一块冷冰冰的屏幕。纸质书籍与电子书籍的竞争是不可避免的。综合这两者的优势，在未来还可能有另一种书籍形态——"网络造书"。比如，请设计者为某本书设计若干个封面，每个人选择自己喜欢的封面和纸张，自行打印、装订，甚至可以在电脑上自己加入个性化修改，一本很个性化的书就这样 DIY 完成了。当然，这对个人的打印、装订设备有一定的要求，是生活水平发展到一定程度时的事情了。

参考文献

[1] 李砚祖.视觉传达设计的历史与美学 [M].北京：中国人民大学出版社，2000.

[2] 鲁道夫·阿恩海姆.艺术与视知觉 [M].北京：中国社会科学出版社，1987.

[3] 陈望衡.艺术设计美学 [M].武汉：武汉大学出版社，2000.

[4] 邓中和.书籍装帧创意设 [M].北京：中国青年出版社，2004.

[5] 何方，熊文飞，宋新娟.书籍装帧设计 [M].武汉：武汉大学出版社，2005.

[6] 王授之.世界现代平面设计史 [M].广州：新世纪出版社，2002.

[7] 潘公凯，卢辅圣.现代设计大系——视觉传达 [M].山海：上海书画出版社，2000.

[8] 何其庆.书装设计 [M].重庆：西南师范大学出版社，1999.

[9] 李泽厚.美的历程 [M].天津：天津社会科学学院出版，2000.

[10] 黄建成，李喻军.装帧之旅 [M].南昌：江西美术出版社，2003.

[11] 黄理彪.图书出版美学 [M].北京：首都师范大学出版社，1998.

[12] 尹定邦.设计学概论 [M].长沙：湖南科学技术出版社，1999.

[13] 尹定邦.图形与意义 [M].长沙：湖南科学技术出版社，2003.

[14] 宗白华.美学散步 [M].合肥：安徽教育出版社，2000.

[15] 章利国.现代设计美学 [M].郑州：河南美术出版社，1999.

[16] 吕敬人.书籍设计 [M].长春：吉林美术出版社，2000.

[17] 廖军.视觉艺术思维 [M].北京：中国纺织出版社，2001.

[18] [美]艾迪斯·埃里克森.艺术史与艺术教育 [M].成都：四川美术出版社，1998.

[19] 潘小庆.书籍装帧 [M].南京：江苏美术出版社，1999.

[20] [美]保罗 M.莱斯特.视觉传播形象载动信息 [M].北京：北京广播学院出版社，2003.

[21] 刘成纪.物象美学：自然的再发现 [M].郑州：郑州大学出版社，2000.

[22] 程巍 . 否定性思维——马尔库塞思想研究 [M]. 北京：北京大学出版社，2001.

[23] 郭振华 . 中外装帧艺术论集 [M]. 长春：时代文艺出版社，1998.

[24] 孔智光 . 理想美学 [M]. 济南：山东大学出版社，2002.

[25] 黄文杰 . 论马尔库塞审美形式的异在效应 [J]. 西北大学学报 ,2005（2）.

[26] 周琮凯 . 图形创意 [M]. 重庆：西南师范大学出版社，1999.

[27] 邓中和 . 书籍的动态设计观——书籍装帧的整体设计与视觉 [J]. 中国出版，1996（4）：51–52.

[28] ［美］赫伯特·马尔库塞 . 审美之维 [M]. 李小兵，译 . 桂林：广西师范大学出版社 ,2001.

[29] 张进贤 . 书籍装帧设计过程教程 [M]. 沈阳：辽宁教育出版社，1997.

[30] 郑如撕，肖东发 . 中国书史 [M]. 北京：北京图书馆出版社，1987.

[31] ［瑞士］阿尔敏·哈夫曼 . 广告画构成设计 [M]. 北京：朝花美术出版社，1992.

[32] ［英］罗杰·福塞特 – 唐 . 装帧设计：书籍·宣传册·目录 [M]. 长春：中国纺织出版社，2004.

[33] 陈家瑞 . 现代实用平面 [M]. 沈阳：辽宁美术出版社，1998.

[34] ［德］汉斯·波得·维尔堡 . 发展中的书籍艺术 [M]. 北京：人民美术出版社，1993.3.

[35] ［美］赫伯特·马尔库塞 . 现代美学析疑 [M]. 北京：文化艺术出版社，1987.

[36] ［美］鲁道夫·阿恩海姆 . 艺术与视知觉 [M]. 北京：中国社会科学出版社，1984.

[37] 高鸿萍 . 马尔库塞的美学思想管窥 [J]. 中国科技信息，2005（21）：143.

后 记

马尔库塞美学思想的要义是艺术唯有通过审美形式才能实现其变革社会的政治功能。从其关注艺术的批判性和变革性的理论角度看，马尔库塞的审美哲学其实是继承了马克思主义美学的广义政治学。同时，马尔库塞的审美哲学扬弃了传统马克思主义美学以意识形态界定艺术的思想，对经典马克思主义美学进行了重新阐述，肯定了美学形式的作用。可以说，马尔库塞倡导的审美哲学是对马克思主义美学以及形式主义美学理论的继承和超越。众所周知，哲学对一般学科的意义在于哲学能够给予一般学科关于发展方向的理论支撑。著者著此书的目的正是试图从马尔库塞博大精深的哲学体系中扩展书籍设计理论空间，寻求书籍艺术新的设计观念。

本书紧扣书籍的文化属性，从书籍艺术在历史进程中的文化现象、书籍艺术形式的审美特征以及审美心理等层面对现代书籍整体性设计做了全面的研析，尝试着寻找马尔库塞哲学理论与书籍艺术的逻辑关联，探讨马尔库塞美学理论在书籍设计领域中的渗透。通过研析，最终得出结论，现代书籍整体设计是一项立体化的构造工程，书籍的美学形式与文化属性赋予了书籍独立的艺术价值，两者的隐性构造实现书籍的整体美。在设计实践中，设计师只有做到书籍内容与形式、视知觉经验与心理定向的和谐统一，才能促进人与书的情感交流，成就书籍的艺术品位。

21世纪，信息和科技的发展使书籍的形式正面临前所未有的强烈冲击，电子媒体以新兴的姿态出现，以具有传统书籍无法具备的互动性特征吸引着越来越多的人，大有取代传统书籍的趋势。人们对书籍的审美观念在悄然地变化着。面对新媒介的挑战，探寻书籍设计的新思路是设计师应该关注的问题。诚然，著者对马尔库塞美学思想与书籍设计艺术的研究尚浅，仅从马尔库塞关于形式感的论述中对书籍设计的审美特征以及审美心理做了分析和探讨，获得了一定的理论支持，也挖掘出一些新的设计思路。至此，对马尔库塞美学思想与书籍设计艺术的研读也暂且告一段落，但是马尔库塞审美哲学仍然有许多值得我们深入研究的内容，同时，虽然书籍整体设计概念已经在较早的时候被提出，但仍然有待于进一步拓宽以及寻求其他理论上的支持，因此要在书籍设计领域中将这一课题做透彻，还需要坚持不懈的努力。